数控技术应用专业创新型系列教材

数控加工中心编程与操作

徐志英　主编

张榕宾　张小青　副主编

彭欧宏　主审

科学出版社

北　京

内 容 简 介

《数控加工中心编程与操作》是根据数控技术应用专业人才培养目标及企业岗位能力的要求编写而成。本书以 FANUC 0i 系统为平台，以项目、任务为引领，进行基于工作过程的教学内容设计，将数控加工工艺知识、编程知识与数控加工中心基本操作技能有机地融入项目任务中。全书共设立了七个项目以及一个附录。包括数控铣床与加工中心基础知识及操作、平面铣削、外轮廓零件加工、内轮廓零件加工、孔加工、螺纹加工及综合训练，附录主要介绍了数控机床维护与保养。

本书可作为中等职业学校、技工学校数控技术应用专业及相关专业的教材，也可作为企业的培训教材和相关技术人员的参考用书。

图书在版编目（CIP）数据

数控加工中心编程与操作/徐志英主编. —北京：科学出版社，2016
（数控技术应用专业创新型系列教材）
ISBN 978-7-03-048740-7

I. ①数… II. ①徐… III. ①数控机床加工中心-程序设计-中等专业学校-教材②数控机床加工中心-操作-中等专业学校-教材 IV. ①TG659

中国版本图书馆 CIP 数据核字（2016）第 129171 号

责任编辑：韩 东 赵玉莲 / 责任校对：刘玉靖
责任印制：吕春珉 / 封面设计：东方人华设计部

科学出版社 出版
北京东黄城根北街 16 号
邮政编码：100717
http://www.sciencep.com

北京中科印刷有限公司 印刷
科学出版社发行 各地新华书店经销
*
2016 年 6 月第 一 版 开本：787×1092 1/16
2020 年 8 月第三次印刷 印张：12 1/4
字数：280 000

定价：37.00 元

（如有印装质量问题，我社负责调换〈中科〉）
销售部电话 010-62136230 编辑部电话 010-62135120-8013

前言

随着社会经济的不断发展，社会生产力的不断提高，在世界经济范围内，现代化的制造技术显得尤为重要。“数控加工中心编程与操作”是职业院校数控技术应用专业学生必修的一门专业课程，本书根据数控技术应用专业人才培养目标及企业岗位能力的要求编写而成，是编者与行业、企业专家一起详细分析企业岗位的实际工作过程，经过多轮教学实践后梳理并归纳出典型的工作任务。

本书的编写理念与特点如下：

（1）本书以国家职业标准中“数控加工中心操作工”规定的理论知识和技能要求为目标，以企业岗位需求为导向，采用“任务驱动”模式引领教学。

（2）本书注重理论与实践一体化教学模式的探索和改革，克服理论教学、实践教学相对独立，学生对理论知识的学习接受较困难等通病，将理论知识教学与加工实践进行融合，通过以加工一个具体零件为核心展开的任务式教育学，辅以教学仿真视频、配套资源包、课后习题，来加强学生知识技能和操作技能的掌握。在书中扫描二维码即可查看相关内容。

（3）本书以典型零件的加工任务为载体设计教学内容，除了与典型零件加工相关的数控编程基本知识外，还包含切削原理与刀具、数控加工工艺基本知识，数控机床维护与维修基本知识。

（4）本书任务设置具有代表性，前后任务关联，节省耗材，过程完整，理论适用，技能突出，步骤与方法明确，安全与质量并重。

本书的参考教学时数为196学时（建议采用专用周进行实训），各项目具体学时分配见下表：

项目	任务	任务名称	学时
项目一　数控铣床与加工中心基础知识及操作	任务一	认识数控铣床及加工中心	2
	任务二	数控铣床与加工中心的基本操作	6
	任务三	数控铣床基本操作入门实例	4
项目二　平面铣削	任务一	平板加工	8
	任务二	六面体加工	10
项目三　外轮廓零件加工	任务一	平面图形加工	12
	任务二	凸台(一)零件加工	16
	任务三	凸台(二)零件加工	16
项目四　内轮廓零件加工	任务一	圆弧凹槽板内轮廓加工	16
	任务二	滑块内轮廓加工	12
	任务三	综合加工	12
项目五　孔加工	任务一	底座孔加工（一）	12
	任务二	底座孔加工（二）	10
	任务三	镗孔加工	6

续表

项目	任务	任务名称	学时
项目六　螺纹加工	任务一	攻螺纹	10
	任务二	螺纹加工	8
项目七　综合训练	任务一	综合训练一	12
	任务二	综合训练二	10
	任务三	综合训练三	10
附录　数控机床维护和保养	数控机床维护和保养		4

本书由徐志英担任主编，由张榕宾、张小青担任副主编，由彭欧宏担任主审。另外，陆小青、林锴、饶然炳、黄吓珠也参与了本书的编写。

由于时间仓促，书中难免存在不足和疏漏之处，敬请广大读者提出宝贵意见，以便修订时加以完善。

编　者

2016 年 3 月

目　录

项目一
数控铣床与加工中心基础知识及操作

任务一 认识数控铣床及加工中心

数控铣床分为两类：数控立式铣床和数控卧式铣床（图 1-1-1）。

（a）数控立式铣床

（b）数控卧式铣床

图 1-1-1 数控铣床

任务内容

通过车间实地考察及观看录像，帮助学生认识数控铣床和加工中心的外形、组成结构等基础知识。

知识目标

掌握数控铣床和加工中心的基本概念及其用途。

技能目标

（1）能区分普通机床与数控机床，数控铣床与加工中心。
（2）识别数控铣床和加工中心的各组成部分及掌握其用途。

评价方法

作业完成情况。

知识准备

数控机床是安装了数控系统或者是采用了数控技术的机床。数控技术（NC）是利用数字化信息对机械运动及加工过程进行控制的一种方法。现代数控技术又称计算机数控技术，简称 CNC。

为了解决复杂形状表面的加工问题，1952 年，美国帕森斯公司和麻省理工学院研制成功了世界上第一台数控机床（数控铣床）。至今，数控机床的控制系统经过了 2 个阶段 6 代的发展历程。第一阶段是硬件数控（NC）：第 1 代的标志为 1952 年的电子管；第 2 代的标志为 1959 年晶体管（分离元件）；第 3 代的标志为 1965 年小规模集成电路。第二阶段是软件数控（CNC）：第 4 代的标志为 1970 年的小型计算机，中小规模集成电路；第 5 代的标志为 1974 年的微处理器，大规模集成电路；第 6 代的标志为 1990 年的基于个人的计算机，即 PC。

我国从 1958 年开始研制数控机床，在 20 世纪 60 年代中期进入实用阶段。数控加工中心（数控铣床）是目前我国使用极为广泛的一种数控机床，约占数控机床总数的 23%。近几年，我国成为世界机床消费第一大国、机床进口第一大国，2014 年中国机床主机消费高达 158 亿美元，国内数控机床制造企业在中高档与大型数控机床的研究开发方面与国外的差距尤为明显，其主要原因在于国产数控机床的研究开发深度不够、制造水平依然落后、服务意识与能力欠缺、数控系统生产应用推广不力及数控人才缺乏等。

当今数控机床行业的主要发展方向是高速化、高精度化、复合化、智能化、柔性化和开放性。

一、数控机床工作原理

数控加工就是根据零件图样及工艺要求等原始条件，编制零件数控加工程序，并输入到数控机床的数控系统中，用以控制数控机床中的刀具与工件的相对运动，从而完成零件的加工。数控加工原理如图 1-1-2 所示。数控加工步骤如下：

（1）根据零件图样要求确定零件加工的工艺过程、工艺参数和刀具参数。

（2）根据规定的程序代码和格式编写零件数控加工程序，可采用手工编程、自动编程的方式完成零件的加工程序文件。

（3）通过数控机床操作面板或以计算机传送的方式将数控加工程序输入到数控系统中。

（4）按数控程序进行试运行、刀具路径模拟等。

（5）通过正确操作机床，运行程序完成零件加工。

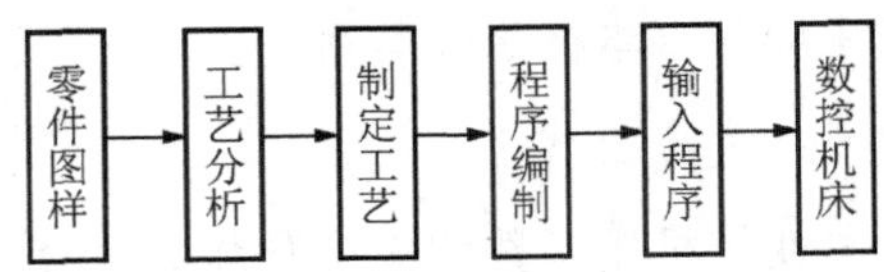

图 1-1-2　数控加工原理

二、数控机床的组成

数控机床一般由输入/输出设备、计算机数控装置（或称 CAN）、伺服系统、机床本体

等几大部分组成，如图 1-1-3 所示。除机床本体之外的部分统称为计算机数控（CNC）系统。

（1）输入/输出设备：是数控装置与外部设备的接口，外部编辑好的数控程序可以通过该接口传入数控系统中，也可通过该接口直接编辑数控程序，数控系统内部的程序也可通过该接口传出。常用的输入/输出装置有 RS-232C 串行通信口、USB 接口、MDI 键盘等。

（2）计算机数控装置：是数控机床的核心。它接收输入设备送来的程序信息，经过译码等处理，将其转换为执行指令，输出给伺服系统，由伺服系统控制机床执行规定的动作。现在的数控装置通常由一台通用或专用计算机构成。

（3）伺服系统：包括伺服单元、伺服驱动装置等，是数控机床的执行部分。伺服驱动装置主要由驱动器和驱动电动机组成。常见的驱动电动机有步进电动机、直流伺服电动机、交流伺服电动机等。

（4）机床本体：数控机床的机床本体与传统机床的相似，由主轴驱动装置、进给驱动装置、床身、工作台、辅助装置、液压（气动）系统、润滑系统以及冷却装置等组成。

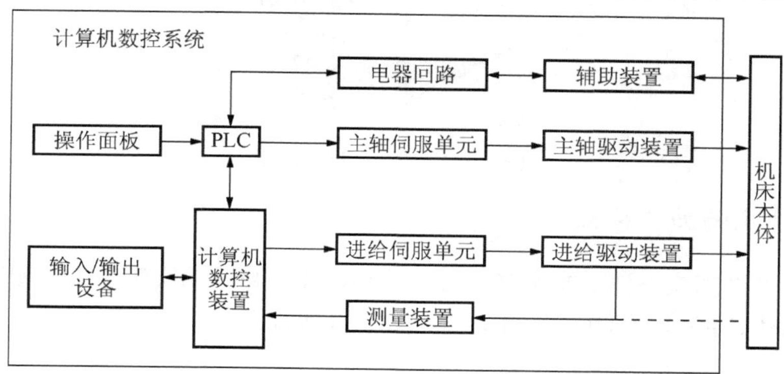

图 1-1-3　数控机床的组成

三、数控铣床概述

1. 数控铣床的基本概念

数控机床按照其用途可分为数控车床、数控铣床、数控磨床、数控镗床、数控电火花机床、数控线切割机床等不同类型。数控铣床是以铣削加工为主，并辅有镗削加工。它是数控镗铣床的简称。

2. 数控铣床与普通铣床相比的优点

（1）加工精度高，具有稳定的加工质量。

（2）可进行多坐标的联动，能加工形状复杂的零件。

（3）当加工零件改变时，一般只需更改数控程序，可节省生产准备时间。

（4）数据机床本身的精度高、刚性大，可选择有利的切削用量，从而提高生产率（一般为普通机床的 3～5 倍）。

（5）数据机床自动化程度高，可以减轻劳动强度。

3. 数控铣床的组成

数控铣床的组成如图 1-1-4 所示。

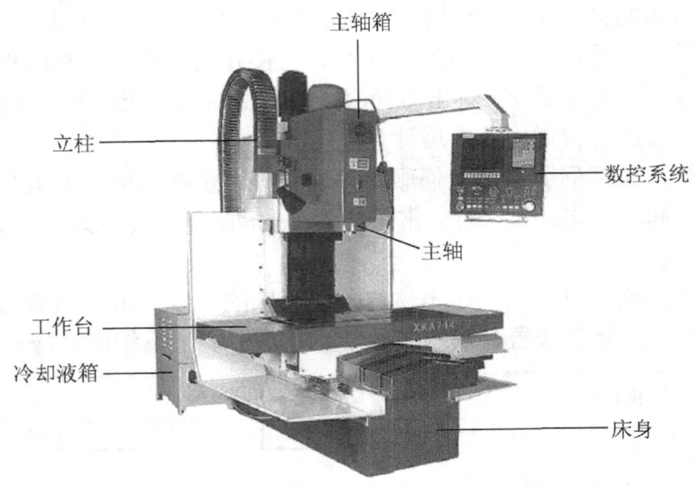

图 1-1-4　数控铣床组成

4. 数控铣床的加工对象

数控铣床可以完成各种平面轮廓、斜面轮廓、曲面轮廓的铣削加工，如图 1-1-5 所示，还可以进行钻孔、扩孔、锪孔、铰孔、攻丝、镗孔等加工。

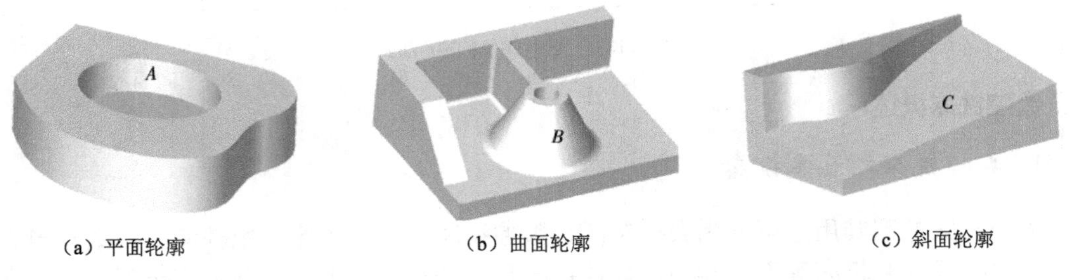

（a）平面轮廓　（b）曲面轮廓　（c）斜面轮廓

图 1-1-5　数控铣床的加工对象

四、加工中心概述

1. 加工中心的基本概念

加工中心（machining center，MC）是指在数控铣床上装有刀库和自动换刀装置，能进行钻、铣、镗等各种加工的数控机床。镗铣加工中心根据机床的主轴位置的不同，分为立式加工中心（图 1-1-6）和卧式加工中心（图 1-1-7）。

车铣复合加工中心（图 1-1-8）是指在数控车削机床回转刀架上装有自驱刀具，主轴能进行旋转进给运动的数控机床，工件在车削后还可在工件端面和外表面进行钻、铣、攻丝等加工。

图 1-1-6　立式加工中心

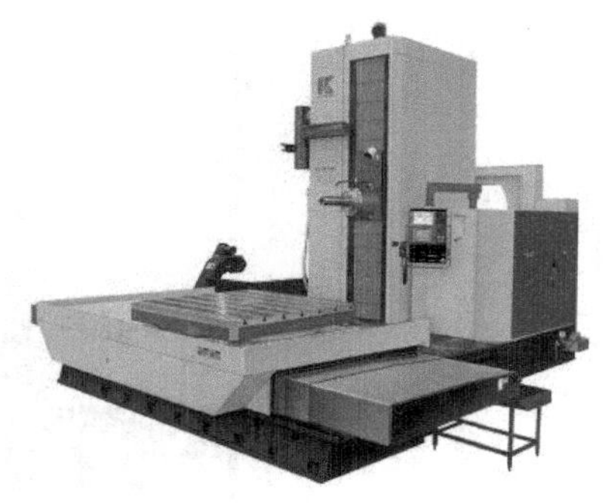

图 1-1-7　卧式加工中心

（a）车铣复合加工中心

（b）车铣复合加工中心的动力刀具装置

（c）车削

图 1-1-8　车铣复合加工中心

2. 加工中心的组成

加工中心通常由主轴、刀库、操作面板、工作台、床身和冷却系统等部分组成，如图 1-1-9 所示。常用刀库形式有斗笠式刀库、圆盘式刀库和链条式刀库 3 种，其结构如图 1-1-10 所示。

3. 加工中心的加工对象

加工中心的加工对象如图 1-1-11 所示。加工中心适宜加工形状复杂、加工内容多、要求较高、需用多种类型的普通机床和众多的工艺装备，且经多次装夹和调整才能完成加工的零件。加工中心主要的加工对象有下列几种。

图 1-1-9　加工中心组成

（a）斗笠式刀库

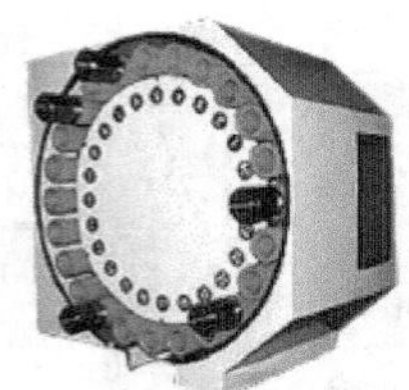

（b）圆盘式刀库

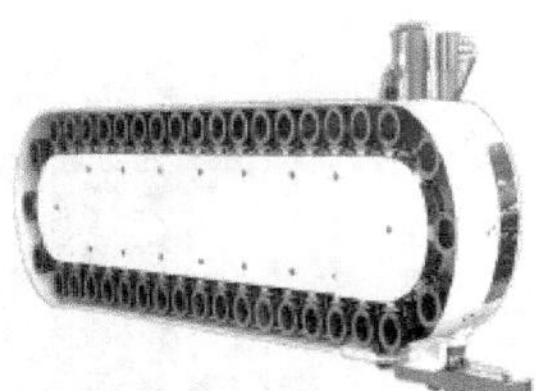

（c）链条式刀库

图 1-1-10　加工中心常用刀库

（a）模具

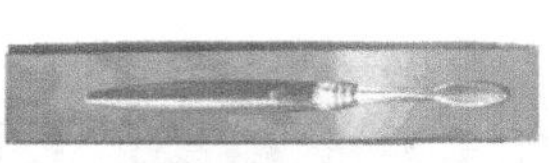

（b）模具

（c）侧盖零件

（d）四轴加工件

（e）发动机侧盖

（f）平面轮廓

（g）接头零件

（h）扣板

（i）发动机箱盖

（j）手电钻主体

图 1-1-11　加工中心的加工对象

（1）既有平面又有孔系的零件。加工中心具有自动换刀装置。在一次安装中，可以完成零件上平面的铣削、孔系的钻削、镗削、铰削、铣削及攻螺纹等多工步加工。加工的部位可以在一个平面上，也可以在不同的平面上。因此，既有平面又有孔系的零件是加工中心的首选加工对象，这类零件常见的有箱体类零件和盘、套、板类零件。

（2）结构形状复杂、普通机床难加工的零件。主要表面是由复杂曲线、曲面组成的零件在加工时，需要多坐标联动加工，这在普通机床上是难以甚至无法完成的，但加工中心是加工这类零件最有效的设备。常见的典型零件有凸轮类、整体叶轮类、模具类。

（3）外形不规则的异形零件。异形零件是指支架、拔叉类外形不规则的零件，大多要求点、线、面多工位混合加工。由于外形不规则，在普通机床上只能采取工序分散的原则加工，需用工装较多，周期较长。利用加工中心多工位点、线、面混合加工的特点，可以完成大部分甚至全部工序内容。

此外，还有一些适合加工中心加工的零件，如周期性投产的零件、加工精度要求较高的中小批量零件、新产品试制中的零件等。

任务二　数控铣床与加工中心的基本操作

零件名称：平面图形（图样见图 1-2-1）
材料：45#
毛坯尺寸：100 mm×100 mm×40 mm

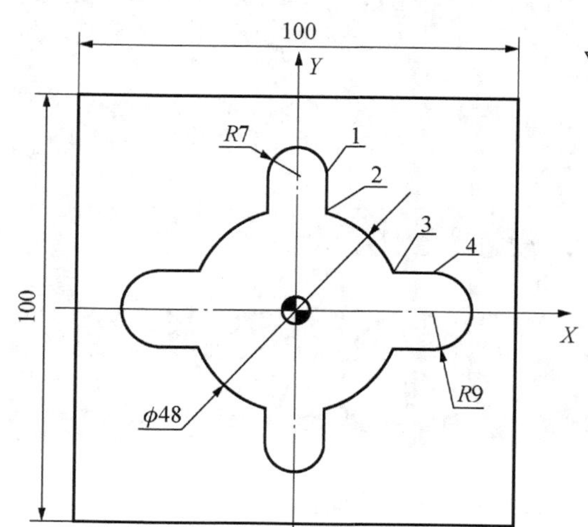

	X	Y
1	7	31
2	7	22.96
3	22.25	9
4	31	9

图 1-2-1　平面图形零件图样（一）

任务内容

（1）熟悉数控铣床的基本操作方法。

（2）将任务中已有的程序进行输入、编辑、校验。

知识目标

（1）熟悉数控铣床操作面板上各按键和旋钮的功能。

（2）掌握数控铣床和加工中心正确的操作方法。

（3）掌握程序输入、编辑和校验的方法和步骤。

技能目标

（1）学会数控铣床和加工中心的进给操作方法。

（2）学会在数控铣床上输入、编辑和校验程序。

评价方法

观察法，作业检查。

知识准备

一、FANUC 0i 系统数控铣床操作面板介绍

FANUC 0i 系统数控铣床操作面板，如图 1-2-2 所示。

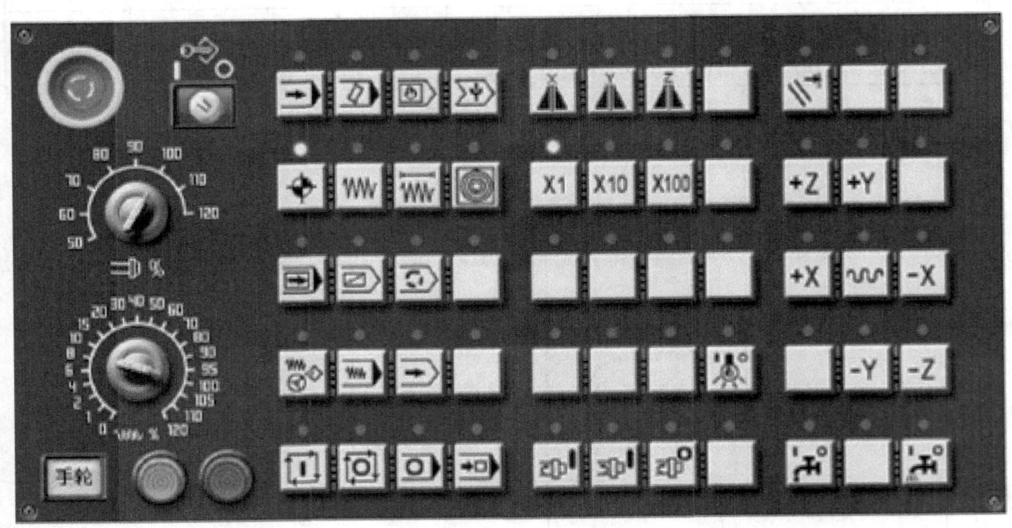

图 1-2-2　FANUC 0i 系统数控铣床操作面板

1. 机床工作方式开关

机床工作方式开关的图形符号及功能，如表 1-2-1 所示。

表 1-2-1　机床工作方式开关的图形符号及功能

名称	图形符号	功能
自动运行方式（AUTO）		（1）执行存储器的程序 （2）编辑程序（后台操作） （3）检索并执行程序 （4）程序再启 （5）存储卡加工
编辑方式（EDIT）		（1）编辑程序：插入、更正、删除 （2）后台操作 （3）数据的输入/输出
手动数据输入方式（MDI）		（1）程序画面：输入并执行程序 （2）参数画面：可输入参数 （3）补偿和设定画面：可输入刀具补偿、坐标系、宏变量
直接数字控制方式（DNC）		（1）经 RS-232 口实现加工 （2）存储卡的加工（20 参数设为 4，138.7 参数设为 1）
手动返回参考点方式（REF）		（1）绝对编码器不用返回，增量编码器要返回（增量编码器机床通电后执行一次手动返回参考点即可） （2）按下急停按钮后，需执行手动返回参考点
手动连续进给方式（JOG）		（1）1423 参数设定 JOG 速度（可设成每分钟进给或每转进给） （2）手动快速移动方式（参数 1424 设定速度）
步进给方式（INC）		通过增量进给倍率调整可精确控制移动
手摇脉冲发生器方式（HNDL）		（1）手轮进给 （2）手轮中断 （3）手轮干预返回
单步执行开关		（1）接通开关，每按一次程序启动执行一条程序指令 （2）在绝对方式执行 G28 返回参考点时，在之间点停止
任选程序跳段		自动方式按此键，跳过程序段开头带有“/”的程序
选择停机		程序中出现 M01 必须使用此开关
手轮示数		在程序画面，可输入程序

2．机床主轴手动控制开关

机床主轴手动控制开关的图形符号及功能，如表 1-2-2 所示。

表 1-2-2　机床主轴手动控制开关的图形符号及功能

名称	图形符号	功能
主轴正转		使主轴顺时针旋转
主轴反转		使主轴逆时针旋转
主轴停止		使主轴停止旋转

3. 程序运行控制开关

程序运行控制开关图形符号及功能，如表 1-2-3 所示。

表 1-2-3　程序运行控制开关图形符号及功能

名称	图形符号	功能
循环启动		模式选择旋钮在 AUTO、MDI 和 DNC 方式位置时按有效，其余位置按无效
进给保持		在程序运行中按此按钮停止程序运行，螺纹加工时按无效
Z 轴运动选择	+Z　-Z	JOG 方式下有效，按【+Z】键，坐标轴正向运动，按【−Z】键，坐标轴负向运动
X 轴运动选择	+X　-X	JOG 方式下有效，按【+X】键，坐标轴正向运动，按【−X】键，坐标轴负向运动
Y 轴运动选择	+Y　-Y	JOG 方式下有效，按【+Y】键，坐标轴正向运动，按【−Y】键，坐标轴负向运动
快速移动		执行手（JOG 方式）进给时按此键运动轴以设定的 G00 速度运行

4. 其他按钮

1）增量进给倍率选择按钮

选择手摇方式移动机床坐标轴时，每一步移动的距离如图 1-2-3 所示，选择不同的倍率可控制移动速度。

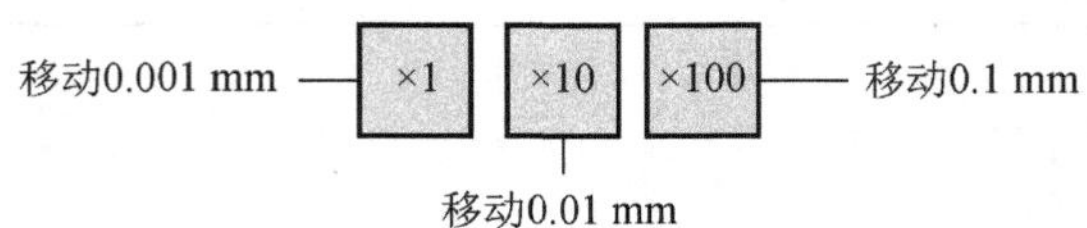

图 1-2-3　增量进给倍率选择按钮

2）进给倍率（*F*）调节旋钮

进给倍率（*F*）调节旋钮如图 1-2-4（a）所示，调节范围为 0～120%，可对 JOG 速度修调，也可对程序运行中的进给速度进行修调。

3）主轴转速倍率调节旋钮

主轴转速倍率调节旋钮如图 1-2-4（b）所示，调节范围为 50%～120%，手动、自动加工时调节均可。在螺纹加工中应固定在 100%。

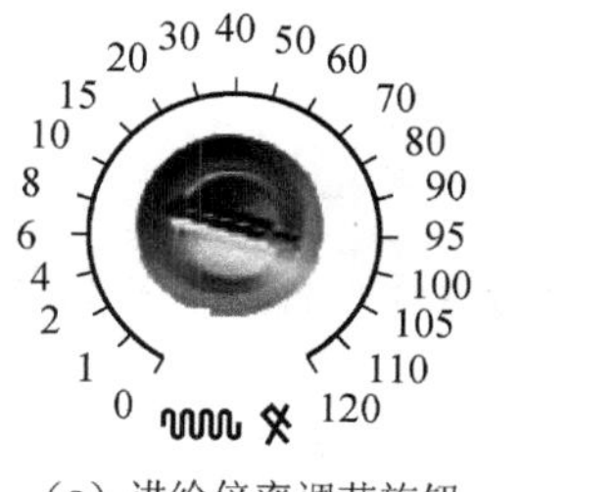

（a）进给倍率调节旋钮

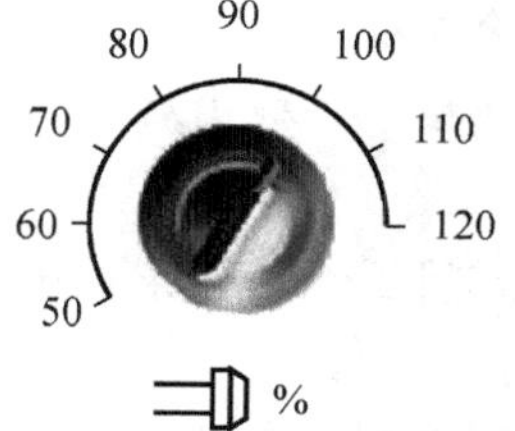

（b）主轴转速倍率调节旋钮

图 1-2-4　倍率调节旋钮

4）程序编辑锁定开关

程序编辑锁定开关可编辑或修改程序，如图 1-2-5 所示。

5）紧急停止旋钮

遇紧急情况时，按紧急停止旋钮可停止机床的一切动作，如图 1-2-6 所示。

图 1-2-5　程序编辑锁定开关

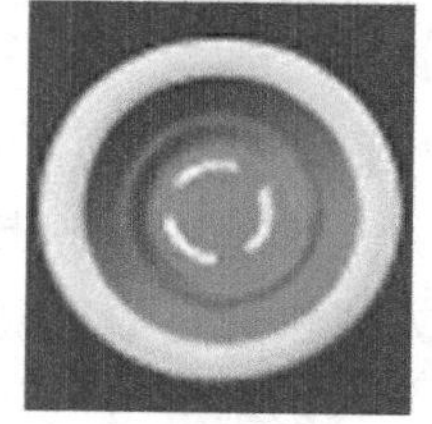

图 1-2-6　紧急停止旋钮

5. 数控铣床和加工中心的开/关机操作

开机步骤如下。

（1）合上总电源开关。

（2）合上稳压器、气源等辅助设备的电源开关。

（3）合上数控铣床（加工中心）控制柜总电源。

（4）合上操作面板电源。

（5）手动回原点。

手动回原点步骤如下。

（1）将功能选择旋钮置于回参考点位置。

（2）旋转进给速度倍率旋钮，选择较小的快速进给倍率（25%）。

（3）先将 Z 轴回原点，然后将 X 轴和 Y 轴回原点，即依次按【+Z】、【+X】、【+Y】坐标键。

（4）当坐标原点指示灯点亮，表示回原点操作完成，此时机床坐标系各坐标显示均为零，开机成功。

注意事项：一般在以下情况应进行回参考点操作，以建立正确的机床坐标系。

（1）机床断电后再次接通数控系统电源，即开机后。

（2）超程报警解除以后。

（3）紧急停止按钮按下再旋出后。

关机步骤如下。

（1）通过手动方式将工作台和主轴箱移动到坐标行程中间点位置。

（2）断开操作面板电源。

（3）断开数控铣床控制柜电源。

（4）断开稳压器、气源等辅助设备电源开关。

（5）断开总电源开关。

急停：在加工过程中，由于用户编程、操作以及产品故障等原因，可能会出现一些意想不到的结果。为了安全，要立即停止机床运动，可以按急停按钮来实现。

另外，为了避免出现机床超程现象，系统应具备超程检查和行程检查功能。

超程：当机床试图移到由机床限位开关设定的行程终点的外面时，由于碰到限位开关，机床减速并停止，而且显示 OVER TRAVEL。在手动操作时，使刀具朝安全方向移动之后，可按复位按钮解除报警，也可按超程解除按键，不松开，同时移动坐标轴反向移动，从而解除报警。

课堂练习操作步骤如下。

（1）开机并执行返回参考点操作。

（2）手动方式快速进给运动控制移动各坐标轴，体验不同快速倍率下的移动速度。

（3）手动方式切削进给运动控制 X、Y 轴移动，旋转倍率开关，体验不同倍率下的进给速度。

（4）手摇方式切削进给运动控制 X、Y、Z 轴移动，选择不同倍率，体验不同倍率下的进给速度。

（5）手动和 MDI 方式启动主轴正转，转速自定（选择中等速度）。

（6）思考：开机后直接采用手动方式旋转主轴，主轴不转的原因。

二、FANUC 0i 数控系统操作面板介绍

1. 数控系统操作面板组成

FANUC 0i-M 数控系统操作面板（图 1-2-7）由显示屏和 MDI 键盘两部分组成，其中显示屏用来显示有关坐标位置、程序、图形、参数、诊断、报警等信息，而 MDI 键盘包括字母键、数值键以及功能按键等，可以进行加工程序、参数、机床指令的输入及系统功能的选择。

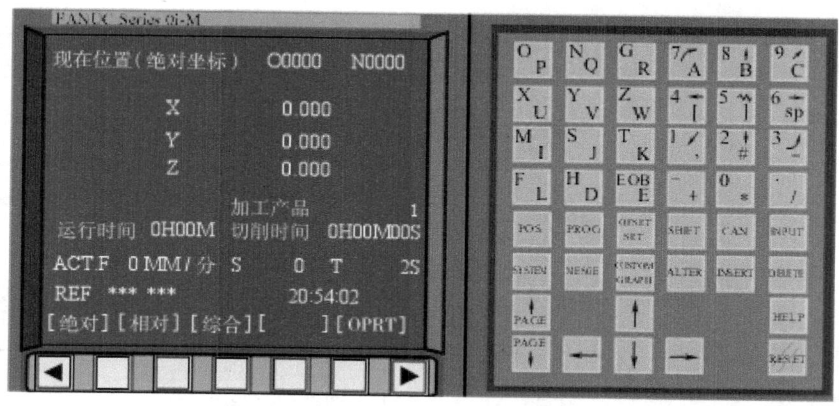

图 1-2-7　FANUC 0i-M 数控系统操作面板

MDI 键盘上的各键的名称及功能，如表 1-2-4 所示。

表 1-2-4　MDI 键盘上各键名称及功能

名称	按键	功能
数字/字母键	O P、N Q、G R、7 A、8 B、9 C、X U、Y V、Z W、4 [、5]、6 sp、M I、S J、T K、1 ,、2 #、3 =、F L、H D、EOB E、- +、0 *、. /	数字/字母键用于输入数据到输入存储器，字母和数字键通过 SHIFT 键切换输入，如 O-P，7-A
功能键	POS	切换 CRT 到机床位置界面。位置显示有 3 种方式，每按一次该键切换一次，也可用功能软键直接进行切换
	PROG	切换 CRT 到程序管理界面，可用该功能软键进行不同界面的切换
	OFSET SET	切换 CRT 到参数设置界面，按功能软键可在坐标系设置页面、刀具补偿参数页面及参数设置界面间切换
	SYSTEM	切换 CRT 到系统参数页面，用该功能软键可在不同参数间进行切换
	MESGE	切换 CRT 到信息页面，如报警信息等
	CUSTOM GRAPH	切换 CRT 到图形参数设置页面
帮助和复位键	HELP	切换 CRT 到系统帮助页面
	RESET	使 CNC 复位，用以消除报警等

续表

名称	按键	功能
编辑键	ALTER	用输入的数据替换光标所在的数据
	DELETE	删除光标所在的数据或删除一个程序段或删除全部程序
	INSERT	把输入区内的数据插入到当前光标所指的位置
	CAN	消除输入区内的数据
	EOB E	结束一行程序段的输入并换行
	SHIFT	用于同一按键上字母与字母或字母与数字间切换
	INPUT	把输入区内的数据输入参数页面

当使用功能键选择好 CRT 显示画面后，在屏幕下方有一排功能图标与下方的功能软键对应，按相应的按键，就可以选择与所选功能相关的页面。若有关页面未显示出来，按菜单继续键可显示下一页面，使用菜单返回键可回到上一页面。不同功能显示屏幕下的软键功能相应改变。图 1-2-8 所示为 POS 功能界面下的软键界面。

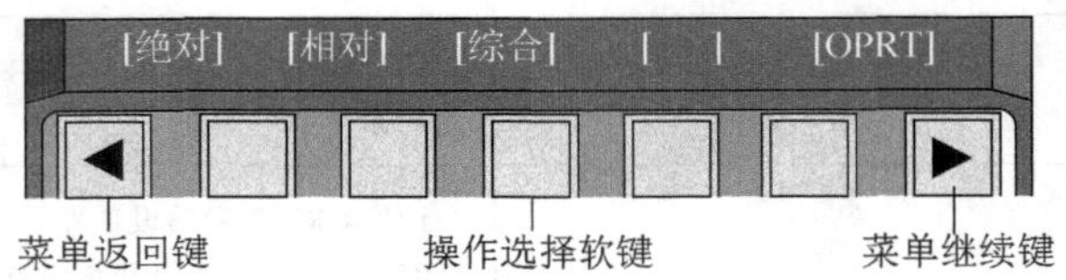

图 1-2-8　POS 功能界面下的软键界面

2. 程序的输入、编辑和校验

程序的输入如下。

（1）将方式选择开关置于程序编辑 EDIT 位置，程序编辑锁定开关置于解除位置。

（2）按【PROG】键，输入程序名（以 O 开头后 4 位为数字，如 O0003）。

（3）按【INSERT】键，输入程序名（程序名为单独的一行，用结束符“;”结束，也可按【EOB】键输入）。

（4）输入程序内容（程序输入完后 NC 将自动保存，程序每输入一个程序段必须用结束符“;”来结束）。

程序的调用方法如下。

（1）将方式选择开关置于程序编辑 EDIT 位置，程序编辑锁定开关置于解除位置。

（2）按【PROG】键，输入程序名。

（3）按【程序检索】软键或按光标（CURSOR）向下键调出程序。

程序的修改方法如下。

（1）用上述方法调出需编辑的程序。

（2）用光标键和 PAGE 键查找要修改的程序段。

（3）用 DELETE 键删除错误程序内容，然后输入正确的程序内容进行修改，或直接输入正确的程序内容用 ALTER 键进行修改。

删除一个程序（如删除程序“O0007”）的方法如下。

（1）选择模式在 EDIT 编辑模式。

（2）按【PROG】键输入字母“O”。

（3）按数字键【7】输入要删除的程序号码。

（4）按【DELETE】键，“O0007”程序被删除。

删除全部程序方法如下。

（1）选择模式在 EDIT 编辑模式。

（2）按【PROG】键输入字母“O”。

（3）按数字键输入“-9999”。

（4）按【DELETE】键，系统中全部程序被删除。

通过指定一个范围删除多个程序的方法如下。

（1）选择 EDIT 编辑模式。

（2）按【PROG】键，显示程序画面。

（3）以如下格式输入将要删除的程序号的范围：“OXXXX，OYYYY”，其中，“XXXX”代表将要删除程序的起始程序号，“YYYY”代表将要删除的程序的终了程序号。

（4）按【DELETE】键，删除程序号从 No.XXXX 到 No.YYYY 的程序。

程序的复制方法如表 1-2-5 所示。

表 1-2-5　程序的复制方法

步骤	复制整个程序	
1	按【PROG】功能键，进入程序显示页面	PROG
2	按【OPRT】软键	[ ] [ ] [ ] [ ] [OPRT]
3	按【菜单继续】键	菜单继续键
4	按【EX-EDT】软键	[ ] [ ] [ ] [ ] [EX-EDT]

续表

步骤	复制整个程序	
5	检查复制的程序是否已经选择，并按【COPY】软键	[COPY] [ ] [ ] [ ] [ ]
6	按【ALL】软键	[ ] [ ] [ ] [ ] [ALL]
7	输入新建的程序号（只用数字键）并按【INPUT】键	数字键 0 ~ 9
8	按【EXEC】软键	[ ] [ ] [ ] [ ] [EXEC]

程序的校验方法如下。

（1）按【机床锁住】键、【辅助锁住】键、【程序校验】键。

（2）切换到图形页面。

（3）按【循环启动】键。

（4）检查轨迹路线是否正确。

任务实施

仿真如图 1-2-1 所示零件，在系统中输入下列零件程序，先根据程序指令勾画出零件轮廓，槽深 0.5mm。然后进行轨迹仿真校验，比较校验的图形与自己勾画的图形是否一致。若不一致，检查是程序输入错误还是自己勾画的图形错误。

步骤一　输入加工程序

输入表 1-2-6 中的加工程序。

表 1-2-6　加工程序编码及说明

FANUC 系统	说明
O0001；	程序名
N10　G90 G54 G00 Z100；	抬刀至安全高度
N20　M03 S1600；	主轴正转，转速 1600 mm/min
N30　G00 X7 Y31；	快速点定位至 1 点位置
N40　Z5；	*Z* 轴快速接近工件表面
N50　G01 Z-0.5 F30；	*Z* 轴工进至表面以下 0.5 mm 处
N60　G01 X7 Y22.96 F200；	直线插补至点 2
N70　G02 X22.25 Y9 R24；	顺时针圆弧插补至点 3
N80　G01 X31 Y9 ；	直线插补至点 4

续表

FANUC 系统	说明
N90 G02 X31 Y-9 R9；	顺时针圆弧插补加工 *R*9 圆弧
N100 G01 X22.25 Y-9；	直线插补到（*X*22.25，*Y*-9）
N110 G02 X7 Y-22.96 R24；	顺时针圆弧插补加工 R9 圆弧
N120 G01 X7 Y-31；	直线插补到（*X*7，*Y*-31）
N130 G02 X-7 Y-31 R7；	顺时针圆弧插补加工 *R*7 圆弧
N140 G01 X-7 Y-22.96；	直线插补到（*X*-7，*Y*-22.96）
N150 G02 X-22.25 Y-9 R24；	顺时针圆弧插补加工 *R*24 圆弧
N160 G01 X-31 Y-9；	直线插补到（*X*31，*Y*-9）
N170 G02 X-31 Y9 R9；	顺时针圆弧插补加工 *R*9 圆弧
N180 G01 X-22.25 Y9；	直线插补到（*X*-22.25，*Y*9）
N190 G02 X-7 Y22.96 R24；	顺时针圆弧插补加工 *R*24 圆弧
N200 G01 X-7 Y31；	直线插补到（*X*-7，*Y*31）
N210 G02 X7 Y31 R7；	顺时针圆弧插补加工 *R*7 圆弧
N220 G00 Z100；	刀具抬至安全高度
N230 M30；	程序结束并回程序首

步骤二 校验程序

（略）

步骤三 仿真加工工件

将程序输入机床数控仿真系统，上机仿真加工零件。

扫码观看视频

平面图形加工仿真

步骤四 检查与评价

检测与评价表

班级		姓名			学号		
课题		程序输入、编辑与校验			零件编号		
	序号	检测内容	配分		学生自评	教师评价	问题改进
程序操作	1	程序输入与编辑	15				
	2	程序完整、不遗漏	10				
	3	程序与程序段输入格式正确	10				
	4	程序空运行检查	10				
	5	图形显示校验	10				
	6	程序扩展操作	10				
工作态度	7	安全、文明操作	10				
	8	行为规范、纪律表现	10				
完成时间	9	规定时间内完成（60 min）	15				

任务三 数控铣床基本操作入门实例

零件名称：型腔类零件（零件图样见图 1-3-1）
材料：45#
毛坯尺寸：80 mm×80 mm×18 mm

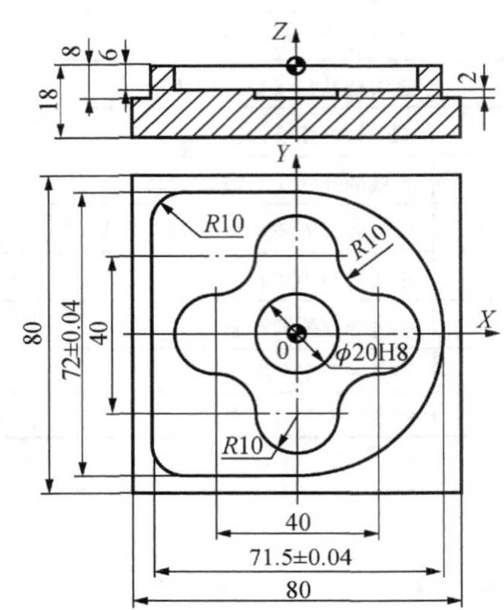

图 1-3-1　型腔类零件图样

任务内容

（1）将任务中编好的程序输入机床。

（2）学会对刀操作。

（3）在数控铣床上练习加工零件。

知识目标

（1）掌握数控铣床坐标系的有关知识。

（2）了解寻边器、Z 轴设定器的工作原理。

（3）掌握零件加工方法步骤。

技能目标

（1）学会对刀操作。

（2）学会在数控铣床上加工零件。

评分方法

观察学生操作过程思路是否清晰，动作是否正确，输入程序是否正确，等等。

知识准备

一、数控铣床坐标系

为简化编程和保证程序的通用性，ISO 对数控机床的坐标轴和方向命名制订了统一的标准。标准规定采用右手直角坐标系，如图 1-3-2（a）所示，基本坐标轴为 X、Y、Z 直线轴和 A、B、C 旋转轴。数控铣床的坐标系，如图 1-3-2（b）所示。

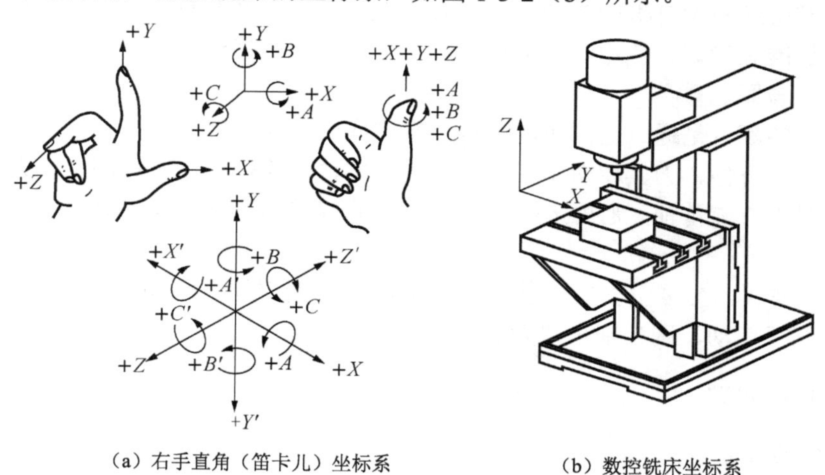

（a）右手直角（笛卡儿）坐标系　　（b）数控铣床坐标系

图 1-3-2　坐标系

1. 数控铣床坐标轴的确定

1）确定 Z 轴

通常将与机床主轴中心线相平行的轴确定为 Z 轴，刀具离开工件的方向为 Z 轴正方向。立式数控铣床 Z 轴垂直于水面，卧式数控铣床 Z 轴平行于水平面，如图 1-3-3 所示。

2）确定 X 轴

在水平面上左右方向的轴为 X 轴。在立式铣床中，由主轴向立柱看去，右方为 X 轴正方向。在卧式铣床中，由主轴向工件看去，右方为 X 轴正方向。

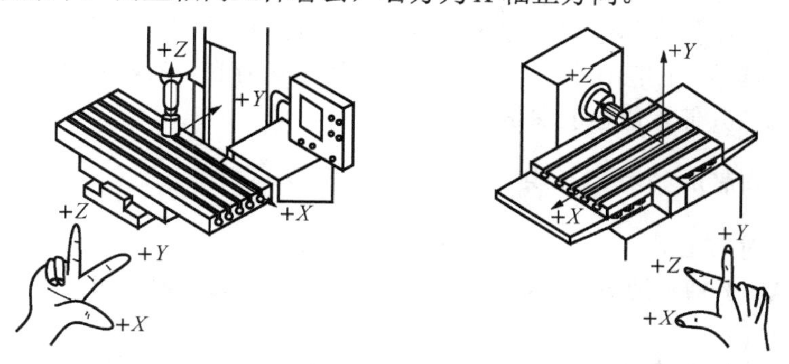

（a）立式数控铣床坐标系　　（b）卧式数控铣床坐标系

图 1-3-3　数控铣床坐标系

3）确定 *Y* 轴

根据右手直角坐标系，用大拇指表示 *X* 轴，中指表示 *Z* 轴，食指表示 *Y* 轴。

2. 数控铣床坐标系的确定

机床零点（机械原点、机床原点）*M* 是指在机床上设置的一个固定的点，即机床坐标系的原点。它在机床装配、调试时就已确定下来了，是数控机床进行加工运动的基准参考点。

许多数控机床都设有机床参考点 *R*，该点至机床原点在其进给坐标轴方向上的距离在机床出厂时已准确确定，使用时可通过寻找操作方式进行确认。它与机床原点相对应，有的机床参考点与原点重合。

机床原点实际上是通过返回机床参考点来完成确定的。

（1）为编程方便，刀具相对于工件运动的原则，一律规定为工件固定，刀具运动。

（2）若机床有旋转轴，则规定绕 *X*、*Y*、*Z* 轴的旋转轴为 *A*、*B*、*C* 轴，其方向为右旋螺纹方向。

（3）如果在 *X*、*Y*、*Z* 主要坐标以外，还有平行于它们的坐标，可分别指定为 *U*、*V*、*W*。如果还有第三组运动，则分别指定为 *P*、*Q*。

二、数控铣床的对刀

1. 工件坐标系 W

工件坐标系的建立是以确定工件原点（Work zero，又称程序原点、编程零点）为标志完成的。一般情况下，工件原点应选在尺寸标注的基准点。对称或以同心圆为主的零件工件原点应选在对称中心线或圆心上。*Z* 轴的工件原点通常选在工件的上表面。

2. 数控铣床对刀

数控铣床对刀就是在机床坐标系中确立工件坐标系具体位置的过程，就是让数控系统知道工件原点所在的位置，如图 1-3-4 所示。

工件坐标原点的设定就是将工件坐标原点相对机床坐标原点的偏置值通过操作面板输入到数控系统中。零点偏置设定工件坐标系的实质就是在加工之前让数控系统知道工件坐标系在机床坐标系中的具体位置。如图 1-3-5 所示，G54～G59“零点偏置”值一经输入，只要不对其进行修改、删除操作，工件坐标系即可永久存在，在程序中可以直接选用。即使进行机床关机，其偏置值也能保留。

3. 数控铣床常用的对刀工具

1）*X*、*Y* 轴对刀工具

寻边器是 *X*、*Y* 轴常用对刀工具，它有偏心式和光电式 2 种，如图 1-3-6 所示。

2）*Z* 轴设定器

Z 轴设定器是常用的 *Z* 轴对刀工具，如图 1-3-7 所示，*Z* 轴设定器有机械式和电子式等类型，通过光电指示或指针判断刀具与对刀器是否接触，对刀精度一般可达 0.005 mm。*Z* 轴设定器高度一般为 50 mm 或 100 mm，带有磁性表座，可以牢固地附着在工件或夹具上。

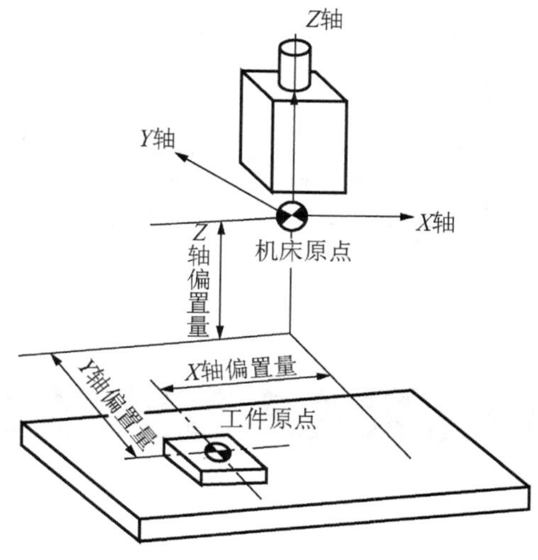

图 1-3-4　工件坐标系和机床坐标系偏置关系

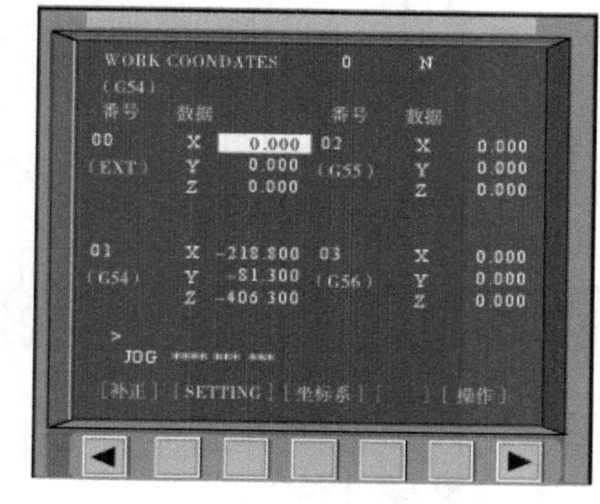

图 1-3-5　FANUC 系统机床坐标系偏置

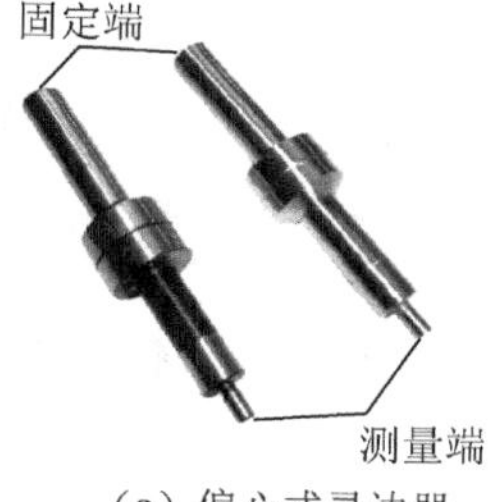

（a）偏心式寻边器

（b）光电式寻边器

图 1-3-6　寻边器

（a）机械式 Z 轴设定器

（b）电子式 Z 轴设定器

图 1-3-7　Z 轴设定器

注意：录边器具有以下特点。

（1）寻边器主要用于确定工件坐标系原点在机床坐标系中的 X、Y 零点偏置值。

（2）使用寻边器确定 X、Y 偏置值，可避免用刀具直接对刀带来的工件划伤问题。

（3）通过寻边器的指示和机床坐标位置，可得到被测表面的坐标位置。利用测头的特性，还可以测量一些简单的尺寸。

3）利用寻边器对刀步骤

（1）以工件两基准边的交点为工件坐标原点，采用偏心式寻边器确定工件 X、Y 两轴坐标偏置值。

（2）分别以两基准边的交点和工件对称中心为工件坐标原点，采用光电式寻边器确定工件 X、Y 两轴坐标偏置值。

（3）利用 Z 轴设定器确定 Z 轴坐标偏置值。

（4）操作示意图，如图 1-3-8 和图 1-3-9 所示。

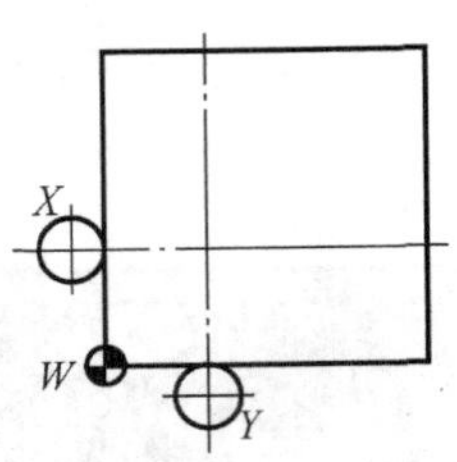

图 1-3-8 采用基准边对刀

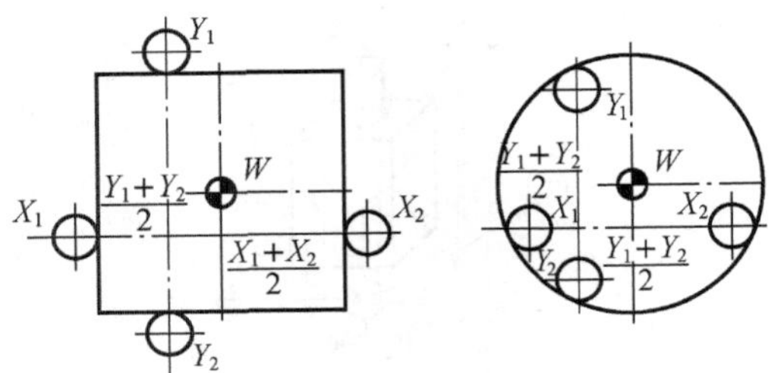

图 1-3-9 采用对称中心对刀

任务实施

步骤一 加工工艺的确定

1. 分析零件图样

该零件包含了平面、外形轮廓、型腔和孔的加工，孔的尺寸精度为 IT8，其他表面尺寸精度要求不高，表面粗糙度 *Ra* 值为 3.2，没有几何公差项目的要求。

2. 工艺分析

1）加工方案的确定

根据零件的要求，上表面采用“端铣刀粗铣→精铣”完成；其余表面采用“立铣刀粗铣→精铣”完成。

2）确定装夹方案

该零件为单件生产，且零件外形为长方体，可选用平口虎钳装夹。工件上表面高出钳口 11 mm 左右。

3. 填写数控加工工序卡

数控加工工序卡填写示例见图 1-3-10。

<table>
<tr><td rowspan="2">工厂</td><td rowspan="2"></td><td rowspan="2" colspan="2">产品名称或代号</td><td colspan="2">零件名称</td><td colspan="2">材料</td><td>零件图号</td></tr>
<tr><td colspan="2">型腔类零件</td><td colspan="2">45#</td><td>××</td></tr>
<tr><td>工序号</td><td>程序编号</td><td colspan="2">夹具编号</td><td colspan="4">使用设备</td><td>车间</td></tr>
<tr><td>××</td><td>×××</td><td colspan="2">×××</td><td colspan="4">×××××</td><td>××</td></tr>
<tr><td>工步号</td><td>工步内容</td><td>夹具</td><td>刀具号</td><td>刀具规格/mm</td><td>主轴转速/（r/min）</td><td>进给速度/（mm/min）</td><td>背吃刀量/mm</td><td>备注</td></tr>
<tr><td>1</td><td>工件上表面</td><td>平口钳</td><td>T01</td><td>16 立铣刀</td><td>600</td><td>150</td><td>1</td><td></td></tr>
<tr><td>2</td><td>粗加工外轮廓、型腔</td><td>平口钳</td><td>T01</td><td>16 立铣刀</td><td>600</td><td>150</td><td>1</td><td>××</td></tr>
<tr><td>3</td><td>精加工外轮廓、型腔、孔</td><td>平口钳</td><td>T02</td><td>12 立铣刀</td><td>1200</td><td>150</td><td></td><td>××</td></tr>
<tr><td>编制</td><td>×××</td><td>审核</td><td>××</td><td>批准</td><td>××</td><td>×年×月×日</td><td>共 1 页</td><td>第 1 页</td></tr>
</table>

图 1-3-10 数控加工工序卡示例 1-3

步骤二　参考程序编制

1. 工件坐标系的建立

以图 1-3-4 所示的上表面中心为 G54 工件坐标系原点。

2. 基点坐标计算

（略）

3. 参考程序

（1）上表面采用面铣刀加工，其加工程序如表 1-3-1 所示。

表 1-3-1　铣上表面程序

程序	说明
O1001；	程序名
N10 G54 G90 G17 G40 G80 G49 G21；	设置初始状态
N20 G00 Z100；	安全高度
N30 X-95 Y-40 S600 M03；	启动主轴，快速进给至下刀位置，主轴转速 600 r/min
N40 G00 Z5 M08；	接近工件，同时打开冷却液
N50 G01 Z-1 F150；	下刀至 *Z*-1
N60 X95 Y-40；	直线插补到（*X*95，*Y*-40）
N80 Y-24；	直线插补到（*X*95，*Y*-24）
N90 X-95；	直线插补到（*X*-95，*Y*-24）
N100 Y-8；	直线插补到（*X*-95，*Y*-8）
N110 X95；	直线插补到（*X*95，*Y*-8）
N120 Y8；	直线插补到（*X*95，*Y*8）
N130 X-95；	直线插补到（*X*-95，*Y*8）
N140 Y24；	直线插补到（*X*-95，*Y*24）
N150 X95；	直线插补到（*X*95，*Y*24）
N160 Y40；	直线插补到（*X*95，*Y*40）
N170 X-95；	直线插补到（*X*-95，*Y*40）
N180 G00 Z100 M09；	*Z* 向抬刀安全高度，并关闭冷却液
N190 M30；	程序结束

（2）外轮廓、孔、型腔粗加工采用ϕ16 mm 立铣刀加工，其参考程序如表 1-3-2 所示。

表 1-3-2　铣外轮廓、孔、型腔粗加工程序

程序	说明
O1002；	主程序名
N10 G54 G90 G17 G40 G80 G49 G21；	设置初始状态
N20 G00 Z100；	安全高度
N30 G00 X12 Y60 S600 M03；	启动主轴，快速进给至下刀位置
N40 G00 Z5 M08；	接近工件，同时打开冷却液
N50 G01 Z0 F150；	下刀至 *Z*0
N60 M98 P1011 L8；	调子程序 O1011，粗加工外轮廓
N70 G00 Z50；	提刀至 *Z*50
N75 G00 X0 Y0；	快速进给至内腔加工下刀位置
N80 G01 Z0 F150；	接近工件
N90 M98 P1012 L5；	调子程序 O1012，粗加工型腔
N100 G00 Z100 M09；	*Z* 向抬刀至安全高度，并关闭冷却液
N110 M30；	主程序结束

（3）外轮廓加工子程序如表 1-3-3 所示。

表 1-3-3　外轮廓加工子程序

程序	说明
O1011；	子程序名
N10 G91 Z-1；	相对坐标编程下刀至 *Z*-1
N20 G90 G41 G01 X0 Y36 D01；	建立刀具半径补偿
N30 G02 X0 Y-36 R36；	顺时针圆弧插补加工 *R*36 圆弧
N40 G01 X-25.75；	直线插补到（*X*-25.75，*Y*-36）
N50 G02 X-37.75 Y-26 R10；	顺时针圆弧插补加工 *R*10 圆弧
N60 G01 X-37.75 Y26；	直线插补到（*X*-37.75，*Y*26）
N70 G02 X-25.75 Y36 R10；	顺时针圆弧插补加工 *R*10 圆弧
N80 G01 X10；	直线插补到（*X*10，*Y*36）
N90 G40 X12 Y60；	取消刀具半径补偿
N100 M99；	子程序结束

（4）型腔加工子程序如下表 1-3-4 所示。

表 1-3-4　型腔加工子程序

程序	说明
O1012;	子程序名
N10 G91 Z-1;	相对坐标编程下刀至 Z-1
N20 G90 G41 G01 X30 Y0D01;	建立刀具半径补偿
N30 G03 X20 Y10 R10;	逆时针圆弧插补加工 R10 圆弧
N40 G02 X10 Y20 R10;	顺时针圆弧插补加工 R10 圆弧
N50 G03 X-10 Y20 R10;	逆时针圆弧插补加工 R10 圆弧
N60 G02 X-20 Y10 R10;	顺时针圆弧插补加工 R10 圆弧
N70 G03 X-20 Y-10 R10;	逆时针圆弧插补加工 R10 圆弧
N80 G02 X-10 Y-20 R10;	顺时针圆弧插补加工 R10 圆弧
N90 G03 X10 Y-20 R10;	逆时针圆弧插补加工 R10 圆弧
N100 G02 X20 Y-10 R10;	顺时针圆弧插补加工 R10 圆弧
N110 G03 X30 Y0 R10;	逆时针圆弧插补加工 R10 圆弧
N120 G01 G40 X0 Y0;	取消刀具半径补偿
N130 M99;	子程序结束

（5）外轮廓、孔、型腔精加工采用立铣刀加工，其参考程序如表 1-3-5 所示。

表 1-3-5　外轮廓、孔、型腔精加工程序

程序	说明
O1003;	主程序名
N10 G54 G90 G17 G40 G80 G49 G21;	设置初始状态
N20 G00 Z100 ;	安全高度
N30 X12 Y60 S1200 M03;	启动主轴，快速进给至下刀位置（X12，Y60）
N40 G00 Z5 M08;	接近工件，同时打开冷却液
N50 G01 Z-7 F150;	下刀至 Z-7
N60 M98 P1011 F150;	调子程序 O1011 精加工外轮廓
N70 G90 G00 Z50;	抬刀至 Z50
N80 G00 X0 Y0;	快速进给至型腔加工下刀位置（X0，Y0）
N90 G01 Z-5 F150;	下刀至 Z-5
N100 M98 P1012 F150;	调子程序 O1012 精加工型腔
N110 G90 G01 Z-6;	进给至孔加工下刀位置至 Z-6
N120 M98 P1013 L2;	调子程序 O1013 精加工圆孔
N130 G00 Z100 M08;	Z 向抬刀至安全高度，并关闭冷却液
N140 M30;	主程序结束

（6）精加工孔子程序如表 1-3-6 所示。

表 1-3-6　精加工孔子程序

程序	说明
O1013；	子程序名
N10 G91 Z-1；	相对坐标编程下刀至 Z-1
N20 G90 G41 G01 X10 Y0 D01；	建立刀具半径补偿
N30 G03 I-10；	逆时针圆弧插补加工整圆
N40 G01 G40 X0 Y0；	取消刀具半径补偿
N50 M99；	子程序结束

扫码观看视频

数控铣床基本操作实例

将程序输入仿真软件，检验无误后加工合格的仿真零件。

步骤三　检测与评价

检测与评价表

班级		姓名		学号		
课题		平面图形加工		零件编号		图 3-1-1
	序号	检测内容	配分	学生自评	教师评价	问题及改进
编程	1	加工工艺制定正确	10			
	2	切削用量合理	5			
	3	程序正确、简洁、规范	10			
	4	设备操作、维护保养正确	5			
操作	5	安全、文明生产	10			
	6	刀具选择、安装正确、规范	5			
	7	工件找正及安装合理、规范	5			
工作态度	8	行为规范、纪律表现	10			
零件完成	9	图形完整性	20			
粗糙度	10	所有加工表面	10			
加工时间	11	在规定时间完成（30min）	10			
综合得分						

课后习题

【理论题】

扫一扫右面的二维码，考核一下自己的理论知识学习成果吧

扫码观看视频

【习题一】

【实操题】

使用数控加工仿真软件，在系统中输入下列零件加工程序，仿真加工如习图 1 所示零件。编写加工程序可参考习表 1-1～习表 1-4。

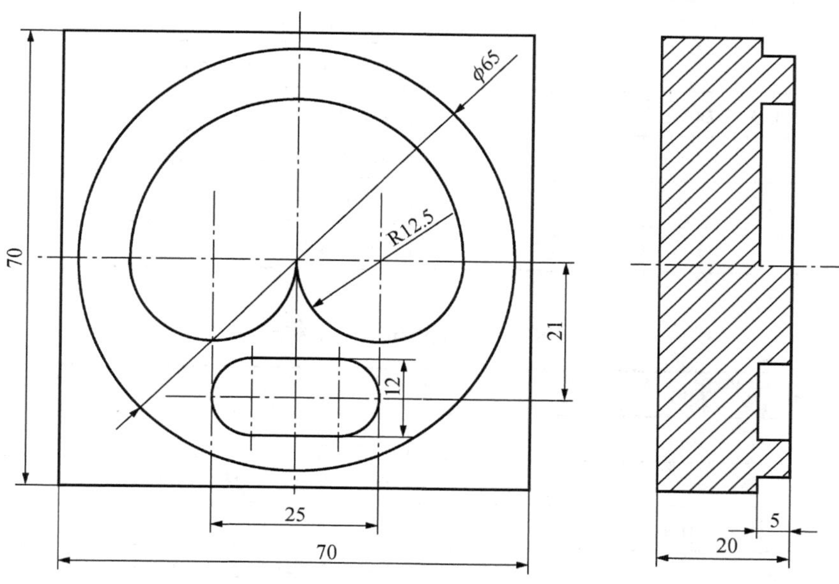

习图 1　零件图样

习表 1-1　主程序

程序	说明
O1001；	程序名
N10 G54 G90 G17 G40 G80 G49 G21；	设置初始状态
N20 G00 Z100；	安全高度
N30 X45 Y0 S600 M03；	启动主轴，快速进给至下刀位置主轴转速 600 r/min
N40 G00 Z5 M08；	接近工件，同时打开冷却液
N50 G01 Z0 F150；	下刀至 *Z*0
N60 M98 P1002 L5	调用子程序 O1002
N80 G00 Z5	快速抬刀到 *Z*5
N90 X6.5 Y-21	快进到（X6.5，Y-21）
N100 G01 Z0 F150	直线插补到 *Z*0
N110 M98 P1003 L5	调用子程序 O1003
N120 G00 Z5	快进到 *Z*5
N130 X12.5 Y0；	快进到（*X*12.5，*Y*0）
N140 M98 P1004 L5；	调用子程序 O1004
N150 G00 Z50；	快速抬刀到 *Z*50
N160 M30；	直线插补到（*X*95，*Y*40）

习表 1-2　外轮廓子程序

程序	说明
O1002；	子程序名
N10 G91 Z-1；	相对坐标编程下刀至 *Z*-1
N20 G90 G41 G01 X32.5 Y0 D01；	建立刀具半径补偿
N30 G02 I-32.5；	顺时针圆弧插补加工 *R*32.5 圆弧
N40 G01 G40 X45 Y0；	取消刀具半径补偿
N50 M99；	子程序结束

习表 1-3　内轮廓（1）子程序

程序	说明
O1003；	子程序名
N10 G91 Z-1；	相对坐标编程下刀至 *Z*-1
N20 G90 G41 G01 X12.5 Y-21 D01；	建立刀具半径补偿
N30 G03 X6.5 Y-15 R6；	逆时针圆弧插补加工 *R*6 圆弧
N40 G01 X-6.5；	直线插补到（*X*-6.5，*Y*-15）
N50 G03 Y-27 R6；	逆时针圆弧插补加工 *R*6 圆弧
N60 G01 X6.5；	直线插补到（*X*6.5，*Y*-27）
N70 G03 X12.5 Y-21 R6；	逆时针圆弧插补加工 *R*6 圆弧
N80 G01 G40 X6.5；	取消刀具半径补偿
N90 M99；	子程序结束

习表 1-4　内轮廓（2）子程序

程序	说明
01004；	子程序名
N10 G91 Z-1；	相对坐标编程下刀至 *Z*-1
N20 G90 G41 G01 X25 Y0 D01；	建立刀具半径补偿
N30 G03 X-25 R25；	逆时针圆弧插补加工 *R*25 圆弧
N40 X0 R12.5；	逆时针圆弧插补加工 *R*12.5 圆弧
N50 X25 R12.5；	逆时针圆弧插补加工 *R*12.5 圆弧
N60 G01 G40 X12.5；	取消刀具半径补偿
N70 M99；	子程序结束

项目二

平 面 铣 削

任务一　平 板 加 工

零件名称：平板（图样见图 2-1-1）
材料：45[#]
毛坯尺寸：100 mm×100 mm×30 mm

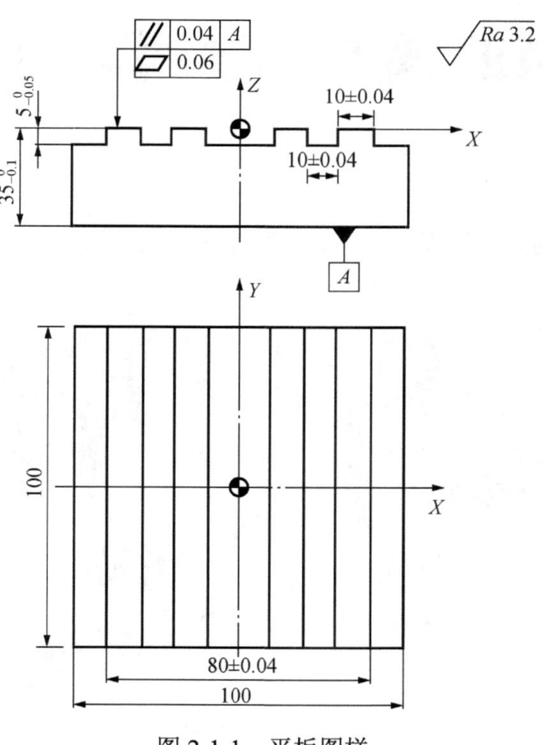

图 2-1-1　平板图样

任务内容

（1）制定平面铣削工艺方案。
（2）编制平板加工程序。
（3）用数控铣床铣削平面。

知识目标

（1）熟悉平面铣削的工艺知识。
（2）掌握 G00、G01、G90、G91 等准备功能指令和辅助功能指令格式及应用。
（3）掌握平面加工的编程方法。

技能目标

（1）能够正确选用夹具装夹工件。
（2）正确选用加工刀具及合理的切削用量。
（3）能够熟练操作数控机床铣削平面。

评价方法

观察法，根据检测评价表评价学生过程成绩。

知识准备

一、常用铣削刀具

1. 常用刀具种类

用于数控铣加工的刀具很多，如图 2-1-2 和图 2-1-3 所示。

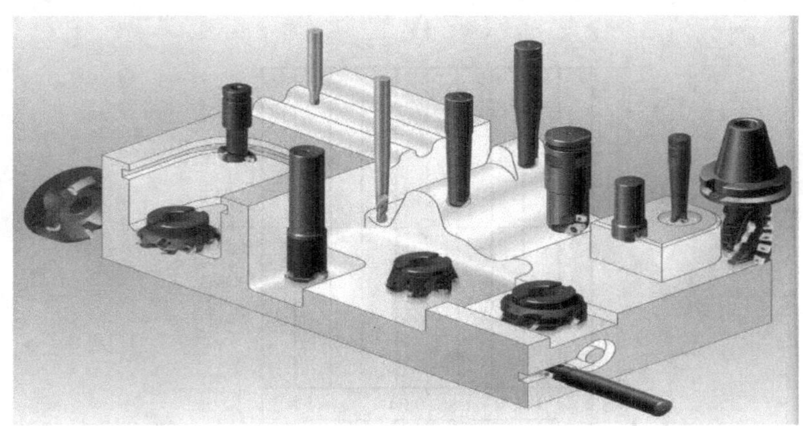

图 2-1-2　常用铣刀

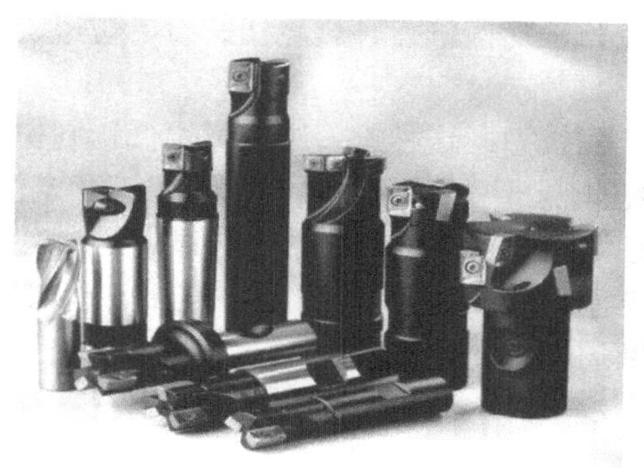
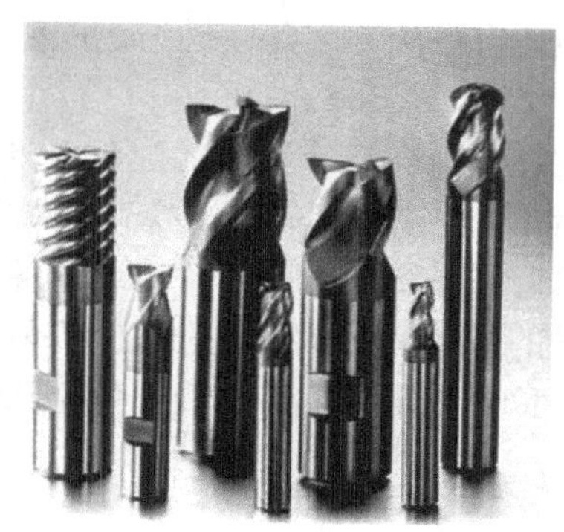

图 2-1-3　常用铣刀

1）立铣刀

立铣刀是数控铣床上使用最多的一种铣刀，立铣刀的圆柱表面和端面上都有切削刃，它们可同时进行切削，也可单独进行切削。

立铣刀圆柱表面的切削刃为主切削刃，端面上的切削刃为副切削刃。主切削刃一般为螺旋齿，这样可以增加切削平稳性，提高加工精度。由于普通立铣刀端面中心处无切削刃，所以立铣刀不能做轴向进给，端面刃主要用来加工与侧面相垂直的底平面。

2）面铣刀

面铣刀的圆周表面和端面上都有切削刃，端部切削刃为主切削刃，圆柱表面的切削刃为副切削刃。面铣刀多制成套式镶齿结构，刀齿材料有高速钢或硬质合金，刀体材料通常采用 40*Cr*。

高速钢面铣刀按国家标准规定，直径为 80～250 mm，螺旋角 β 为 10°，刀齿数为 10～26。

硬质合金面铣刀与高速钢铣刀相比，铣削速度较高、加工效率高，加工表面质量也比较好，并可加工带有硬皮和淬硬层的工件，所以硬质合金面铣刀得到了广泛应用。硬质合金面铣刀按刀片和刀齿的安装方式不同，可分为整体焊接式、机夹—焊接式和可转位式 3 种。

3）三面刃铣刀

三面刃铣刀，可分为直齿三面刃和错齿三面刃。它主要用于卧式铣床上加工台阶面和一端或二端贯穿的浅沟槽。三面刃铣刀除圆周具有主切削刃外，两侧面也有副切削刃，从而改善了切削条件，提高了切削效率，减小了表面粗糙度值。但重磨后宽度尺寸变化较大，镶齿三面刃铣刀可解决这一个问题。

4）锯片铣刀

锯片铣刀本身很薄，只在圆周上有刀齿，用于切断工件和铣窄槽。为了避免夹刀，其厚度由边缘向中心减薄，使两侧形成副偏角。

5）键槽铣刀

键槽铣刀的外形与立铣刀相似，不同的是它在圆周上只有两个螺旋刀齿，其端面刀齿的刀刃延伸至中心，既像立铣刀，又像钻头。因此在铣两端不通的键槽时，可以做适量的轴向进给。它主要用于加工圆头封闭键槽，使用它加工时，要做多次垂直进给和纵向进给才能完成键槽加工。

其他还有球头刀、角度铣刀、成型铣刀、T 形槽铣刀、燕尾槽铣刀、仿形铣用的指形铣刀等。

数控加工中广泛使用硬质合金可转位式面铣刀。这种铣刀结构成本低，制作方便，刀刃用钝后，可直接在机床上转换刀刃或更换刀片。可转位刀片面铣刀要求刀片定位精度高、夹紧可靠、易排屑、更换刀片迅速，各定位、夹紧元件通用性好，方便制造、使用等。目前，先进的可转位式数控面铣刀的刀体趋向于用轻质高强度铝、镁合金制造，切削刃采用大前角。负刃倾角。可转位刀片带有三维断屑槽形，便于排屑。

2. 铣刀基本使用范围

（1）端面铣削：适用于较小平面范围、较小切削深度的操作要求。加工后的零件表面相对“粗糙不均”。

（2）键槽加工：一般来说，生产高精度高质量的键槽至少需要两把铣刀。

（3）月牙键槽加工：一般来说，这个过程需要一把铣刀，用全面进给刀法操作。

（4）特殊切削：包括锥形表面的铣削（比如：T 型沟槽）以及燕尾槽的加工。

（5）精细仿形切削：在有平行边壁的工件上完成内/外表面的轮廓。

（6）模具孔洞加工：大致包括在钢模凹处的俯面加工和精细加工。凹模加工需要三维方位的处理。球铣刀比较适合该项操作。

3. 铣刀材料

1）铣刀切削部分材料的基本要求

（1）高硬度和耐磨性：在常温下，切削部分材料必须具备足够的硬度才能切入工件；具有高的耐磨性，刀具才不易磨损，延长使用寿命。

（2）好的耐热性：刀具在切削过程中会产生大量的热量，尤其是在切削速度较高时，温度会很高，因此，刀具材料应具备好的耐热性，即在高温下仍能保持较高的硬度，有能继续进行切削的性能。这种具有高温硬度的性质，又称为热硬性或红硬性。

（3）高的强度和好的韧性。在切削过程中，刀具要承受很大的冲击力，所以刀具材料要具有较高的强度，否则易断裂和损坏。由于铣刀会受到冲击和振动，因此，铣刀材料还应具备好的韧性，才不易崩刃、碎裂。

2）铣刀常用材料

（1）高速工具钢（简称高速钢，锋钢等）分通用和特殊用途高速钢两种。其具有以下特点。

① 合金元素钨、铬、钼、钒的含量较高，淬火硬度可达 HRC62—70。在 6000℃高温下，仍能保持较高的硬度。

② 刃口强度和韧性好，抗振性强，能用于制造切削速度一般的刀具，对于钢性较差的机床，采用高速钢铣刀，仍能顺利切削。

③ 工艺性能好，锻造、加工和刃磨都比较容易，还可以制造形状较复杂的刀具。

④ 与硬质合金材料相比，仍有硬度较低、红硬性和耐磨性较差等缺点。

（2）硬质合金是金属碳化物、碳化钨、碳化钛和以钴为主的金属黏结剂经粉末冶金工艺制造而成的。其主要特点如下。

① 能耐高温，在 800～10000℃仍能保持良好的切削性能，切削时可选用比高速钢高 4～8 倍的切削速度。

② 常温硬度高，耐磨性好。抗弯强度低，冲击韧性差，刀刃不易磨得很锋利。

常用的硬质合金一般可以为以下 3 大类。

① 钨钴类硬质合金（YG）。常用牌号有 YG3、YG6 及 YG8，其中数字表示含钴量的百分率，含钴量越多，韧性越好，越耐冲击和振动，但会降低硬度和耐磨性。因此，该合金适用于切削铸铁及有色金属，还可以用来切削冲击性大的毛坯和经淬火的钢件和不锈钢件。

② 钛钴类硬质合金（YT）。常用牌号有 YT5、YT15 及 YT30，数字表示碳化钛的百分率。硬质合金含碳化钛以后能提高钢的黏结温度，减小摩擦系数，并能使硬度和耐磨性略有提高，但降低了抗弯强度和韧性，使性质变脆，因此，该类合金适用于切削钢类零件。

③ 通用硬质合金。在上述两种硬质合金中加入适量的稀有金属碳化物，如碳化钽和碳化铌等，使其晶粒细化，提高其常温硬度和高温硬度、耐磨性、黏接温度和抗氧化性，能使合金的韧性有所增加。因此，这类硬质合金刀具有较好的综合切削性能和通用性，其牌号有：YW1、YW2 和 YA6 等，由于其价格较贵，主要用于难加工材料，如高强度钢、耐热钢、不锈钢等。

（3）涂层刀具。涂层刀具是在强度和韧性较好的硬质合金或高速钢（HSS）基体表面上，利用气相沉积方法涂覆一层薄的耐磨性好的难熔金属或非金属化合物（也可涂覆在陶瓷、金刚石和立方氮化硼等超硬材料刀片上）而获得的。涂层作为一个化学屏障和热屏障，涂层刀具的构成减少了刀具与工件间的扩散和化学反应，从而减少了月牙槽磨损。涂层刀具具有表面硬度高、耐磨性好、化学性能稳定、耐热耐氧化、摩擦因数小和热导率低等特性，切削时可比未涂层刀具的寿命提高 3～5 倍，提高切削速度 20%～70%，提高加工精度 0.5～1 级，降低刀具消耗费用 20%～50%。

（4）陶瓷。陶瓷是 20 世纪 80 年代取得突破性进展的刀具材料。与硬质合金相比，陶瓷材料具有更高的硬度、红硬性和耐磨性。加工钢材时，陶瓷刀具的耐用度为硬质合金刀具的 10～20 倍，其红硬性比硬质合金高 2～6 倍，且化学稳定性、抗氧化能力等均优于硬质合金。但陶瓷的最大弱点是抗弯强度低，冲击韧度差，因此其主要用于钢、铸铁、有色金属等材料的精加工。

（5）人造金刚石。人造金刚石（PCD）是金刚石微粉与金属结合剂均匀混合、在高温高压下烧结而成。它有很高的硬度和导热性、低的热胀系数、高的弹性模量和较低的摩擦系数，刀刃非常锋利。特别是在高温下，由于碳对铁的亲和作用，金刚石能与铁发生化学反应，故金刚石刀具不宜于切削铁及其合金工件。它是目前高速切削铝合金较理想的刀具材料，切削速度可达到 2500～5000 m/min。

（6）立方氮化硼。立方氮化硼（CBN）是 20 世纪 50 年代末用制造金刚石相似的方法合成的超硬材料。由于 CBN 的烧结性能差，70 年代制成了聚晶立方氮化硼 PCBN。CBN 是氮化硼的致密相，有很高的硬度（仅次于金刚石）和耐热性（1300～1500℃），切削速度是硬质合金刀具的 4～6 倍，具有优良的化学稳定性（远优于金刚石）和导热性，以及低的摩擦系数。PCBN 与 Fe 族元素亲和性很低，所以它是高速切削黑色金属较理想的刀具材料。

二、加工中心（数控铣床）加工工艺

1. 数控加工工艺的主要内容

（1）选择适合在数控机床上加工的零件。

（2）分析被加工零件的图样，明确加工内容及技术要求。

（3）确定零件的加工方案，制定数控加工工艺路线，包括划分工序、安排加工顺序，处理与其他加工工序的衔接等。

（4）加工工序设计，包括工件的定位与夹紧方案、选取刀具及辅助工具、确定切削用量等。

（5）数控加工程序的调整，包括选取对刀点、换刀确定刀具补偿和确定加工路线等。

（6）分配数控加工中的公差。

2. 数控加工工艺文件

数控加工工艺文件主要包括数控加工编程任务书、数控加工工序卡、数控刀具调整单、数控刀具卡片、机床调整单、零件加工程序单等。这些文件尚无统一的标准，各企业可根据本企业的特点和需要制定相应的工艺文件。

3. 数控铣削加工工序的划分

1）加工阶段

当零件的加工质量要求较高时，往往不可能用一道工序来满足其要求，而要用几道工序逐步达到所要求的加工质量。为保证加工质量和合理地使用设备、人力，零件的加工过程通常按工序性质不同，分为粗加工、半精加工、精加工、光整加工和超精密加工 4 个阶段。

粗加工阶段是要从毛坯上切除大部分加工余量，只能达到较低的加工精度和表面质量。

半精加工阶段是介于粗加工阶段和精加工阶段之间的切削加工过程。在此阶段中，应完成一些次要表面的加工，并为主要表面的精加工作准备。

精加工阶段的任务是使各主要表面达到规定的质量要求。

光整加工和超精密加工阶段的任务是通过精密加工和光整加工方法，使精度要求特别高、表面粗糙度要求特别小的工件达到所要求的加工精度和表面粗糙度。

2）数控铣削加工工序的划分原则

工序的划分可以采用两种不同原则，即工序集中原则和工序分散原则。

工序集中原则是指每道工序包括尽可能多的加工内容，从而使工序的总数减少。采用工序集中原则的优点是：有利于采用高效的专用设备和数控机床，提高加工中心的生产效率；减少工序数目，缩短工艺路线，简化生产计划和生产组织工作；减少机床数量、操作工人数和占地面积；减少工件装夹次数，不仅保证了各加工表面间的相互位置精度，而且减少了夹具数量和装夹工件的辅助时间。但其缺点是专用设备和工艺装备投资大、调整维修比较麻烦、生产准备周期较长，不利于转产。

工序分散原则。就是将工件的加工分散在较多的工序内进行，每道工序的加工内容很少。采用工序分散原则的优点是：加工设备和工艺装备结构简单，调整和维修方便，操作简单，转产容易；有利于选择合理的切削用量，减少机动时间。但其缺点是工艺路线较长，所需设备及工人人数多，加工中心占地面积大。

在加工中心（数控铣床）上加工零件，一般按工序集中原则划分工序，划分的方法如下。

（1）按所用刀具划分。以同一把刀具完成的那一部分工艺过程为一道工序，这种方法适用于工件的待加工表面较多，机床连续工作时间较长，加工程序的编制和检查难度较大等情况。加工中心常用这种方法。

（2）按安装次数划分。以一次安装完成的那一部分工艺过程为一道工序，这种方法适用于加工内容不多的工件，加工完成后就能送到待检状态。

（3）按粗、精加工划分。即粗加工中完成的工艺过程为一道工序，精加工中完成的工艺过程为一道工序。这种方法适用于加工后变形大，需粗、精加工分开的零件，如毛坯为铸件、焊接件或锻件。

（4）按加工部位划分。即以完成相同型面的工艺过程为一道工序，对于加工表面多而复杂的零件，可按其结构特点（如内形、外形、曲面和平面等）划分成多道工序。

4. 数控铣削加工顺序的安排原则

数控加工通常按以下原则安排。

（1）基面先行原则：用作精基准的表面应优先加工出来，因为定位基准的表面越精确，装夹误差就越小。

（2）先粗后精原则：各个表面的加工顺序按照粗加工→半精加工→精加工→光整加工的顺序依次进行，逐步提高表面的加工精度和减小表面粗糙度值。

（3）先主后次原则：零件的主要工作表面、装配基面应先加工，从而能及早发现毛坯中主要表面可能出现的缺陷。次要表面可穿插进行，放在主要加工表面加工到一定程度后、最终加工之前进行。

（4）先面后孔的原则：对箱体、支架类零件，平面轮廓尺寸较大，一般先加工平面，再加工孔和其他尺寸，这样安排加工顺序，一方面用加工过的平面定位，稳定可靠；另一方面在加工过的平面上加工孔比较容易，并能提高孔的加工精度和位置精度。

三、数控加工程序代码及格式

1. 辅助功能指令

辅助功能指令又称 M 指令，其主要是用来控制机床各种辅助动作及开关状态，用地址字符 M 及 2 位数字表示。如主轴的转动与停止、冷却液的开与关闭等，通常是靠继电器的通断来实现控制过程。程序的每一个程序段中 M 代码只能出现一次。

常用辅助功能指令及其说明见表 2-1-1 所示。

表 2-1-1　辅助功能指令及其说明

代　码	功能开始时间		功能	附　注
	在程序段指令运动之前执行	在程序段指令运动之后执行		
M00		√	程序停止	非模态
M01		√	程序选择停止	非模态
M02		√	程序结束	非模态
M03	√		主轴顺时针旋转	模态
M04	√		主轴逆时针旋转	模态
M05		√	主轴停止	模态
M07	√		2 号冷却液打开	模态
M08	√		1 号冷却液打开	模态
M09		√	冷却液关闭	模态
M30		√	程序结束并返回	非模态
M98	√		子程序调用	模态
M99		√	子程序调用返回	模态

1）程序控制 M 代码

M00——程序停止指令，运行后自动运行到暂停，当程序运行停止时，全部现存的模态信息保持不变。重新按循环启动按键，CNC 就继续运行后续程序。此功能便于操作者进行工件的手动测量等操作，为模态指令。

M01——程序选择性停止，为模态指令。在运行时如已选定机床的选择性停止功能为开启状态，该指令等同于 M00，否则该指令无效。通常用于关键尺寸的检验或临时暂停。

M02——该指令用在主程序的最后一个程序段中，当该指令执行后机床的主轴进给、冷却液全部停止，加工结束。使用 M02 的程序结束后，光标不能自动返回到程序头。若要重新执行该程序就得重新调用该程序。

M30——M30 与 M02 功能相似，只是 M30 指令还兼有控制光标返回到零件程序头的作用。使用 M30 的程序结束后，若要重新执行该程序只需再次按操作面板上的循环启动键即可。

2）主轴控制指令 M03、M04 及 M05

M03——主轴正转，使主轴以当前指定的主轴转速顺时针（CCW）旋转（从 Z 轴正方向向 Z 轴负方向看）。

M04——主轴反转，使主轴以当前指定的主轴转速逆时针（CW）旋转（从 Z 轴正方向向 Z 轴负方向看）。

M05——主轴停止旋转。

注意：M03、M04、M05 可相互注销。

3）切削液控制指令 M07、M08 及 M09

M07——打开 2 号冷却液。

M08——打开 1 号冷却液。

M09——关闭冷却液（为开机缺省状态）。

2. 主轴转速功能指令

主轴转速功能指令也称 S 指令，其作用是指定机床主轴的转速。

指令格式：S__；

指令说明：主轴转速的大小用字母 S 及其后面的若干位数字表示，单位为 r/min，一般是不能带小数点的。例如，S1000 表示 1000 r/min。该指令与 M04（反转）、M03（正转）结合使用，M05 为主轴停止转动。这 4 个都为模态指令，其中 S 及其指令的数值在重新定义指令后才改变。

3. 进给速度功能指令

进给速度功能指令又称 F 指令，其作用是指定刀具的进给速度。

指令格式：F__；

指令说明：进给速度的大小用字母 F 及其后面的若干位数字表示，单位为 mm/min（G94 有效）或 mm/r（G95 有效）。该指令为模态指令，F 及其指令的数值在重新指令后才改变。

进给状态指令 G94：设置每分钟进给速度状态，G94 可以与其他 G 功能指令同时存在一个程序段中，其指定 F 字段设置的切削进给速度的单位为 mm/min，即每分钟进给速度。

进给状态指令 G95：设置每转进给速度状态，G95 可以与其他 G 功能指令同时存在一个程序段中，其指定 F 字段设置的切削进给速度的单位为 mm/r，即每转进给量。

每转进给量、每分钟进给速度与每齿进给量之间可以相互换算，其换算关系如下：

$$f_r = f_Z Z, \ F = f_r n$$

式中：f_r——每转进给量，mm/r；

f_Z——刀具每齿进给量，mm/z；

Z——刀具齿数；

F——每分钟进给速度，mm/min。

4. 刀具功能

刀具功能（T 功能）是指系统进行选刀或换刀的功能，由地址码 T 和一组数字组成。数字是指定的刀号，数字的位数由所用系统决定，如 T02 表示第二号刀。

5. 准备功能指令

准备功能指令的地址符是 G，所以也称 G 指令、G 功能或 G 代码。由地址码 G 加 2 位数字构成指令，从 G00 到 G99 共 100 种，用来规定刀具运动轨迹、坐标平面、尺寸单位选择、坐标偏置等多种功能。准备功能分为若干组，有模态指令和非模态指令之分。模态指令（又称续效指令）表示该指令在程序段中一经指定，在接下来的程序段中将一直有效，直到出现同组的另一个指令时，该指令才失效；非模态 G 功能是只在所规定的程序段中有效，程序段结束时被注销。

模态指令使程序变得清晰明了，避免了程序中大量重复指令的出现，减小了编程的工作量。另外，尺寸功能字也具有模态功能，若在前后程序段中重复出现，则该尺寸功能字适当时可以省略。

例如左侧程序段可改写成右侧程序段。

```
G01 X30 Y50 F200;          G01 X30 Y50 F200;
G01 X30 Y80 F200;          Y80;
G03 X30 Y20 R30 F200;      G03 Y20 R30;
```

进行零件平面加工所需的 G 指令见表 2-1-2。

表 2-1-2 FANUC 0i Mate-MC 数控铣床/加工中心准备功能指令（部分）

指令	功 能	指令	功 能
G00*	快速点定位	G54*～G59	工件坐标系选择
G01	直线插补	G90*	绝对值编程
G02	顺时针圆弧插补	G91	增量值编程
G03	逆时针圆弧插补	G94*	每分钟进给
G17*	XY 平面选择	G95	每转进给
G18	XZ 平面选择	G20	英寸输入（SINUMERIK 用 G70）
G19	YZ 平面选择	G21	毫米输入（SINUMERIK 用 G71）

注：带“*”号的 G 指令表示接通电源时，即为 G 指令的状态。G00、G01；G17、G18、G19；G90、G91 由参数设定选择。

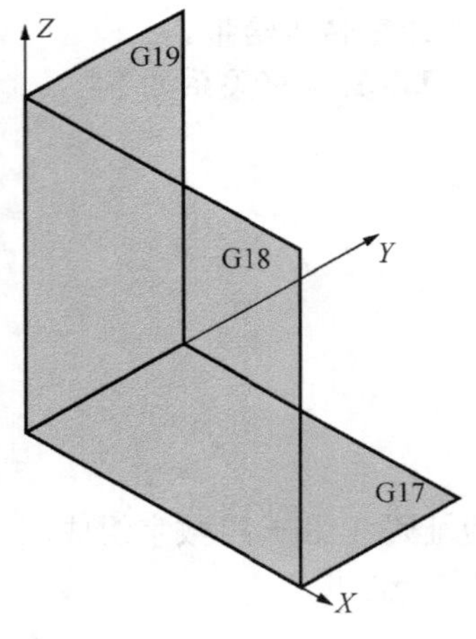

图 2-1-4 平面选择

1）选择平面指令（G17、G18、G19）

应用数控铣床/加工中心进行零件加工前，只有先指定一个坐标平面，即确定一个两坐标的坐标平面，才能使机床在加工过程中正常执行刀具半径补偿及刀具长度补偿功能，坐标平面选择指令的主要功能就是指定加工时所需的坐标平面。

坐标平面规定如图 2-1-4 所示，分述如下。

G17——之后的程序都是以 *XY* 平面为切削平面，本指令为模态指令，G17 为机床开机后系统默认状态，在编程时 G17 可省略。

G18——之后的程序都是以 *XZ* 平面为切削平面，本指令为模态指令。

G19——之后的程序都是以 *YZ* 平面为切削平面，本指令为模态指令。

2）工件坐标系的设置指令（G54～G59/G92）

（1）G54～G59 指令所设置加工坐标系为模态指令，其中任意一个坐标系指令作用和效果都是相同的，设定时可任选其中一个，但设定后编程时使用的坐标系指令必须跟设定的一致。例如，操作着在对刀设定的工件坐标系为 G54，那么编写的加工程序中坐标系指令也应相应地使用 G54 指令来设置工件坐标系。一般情况下，机床开机并回零后，G54 为系统默认工件坐标系。

【例 1】 工件坐标系的应用如图 2-1-5 所示。

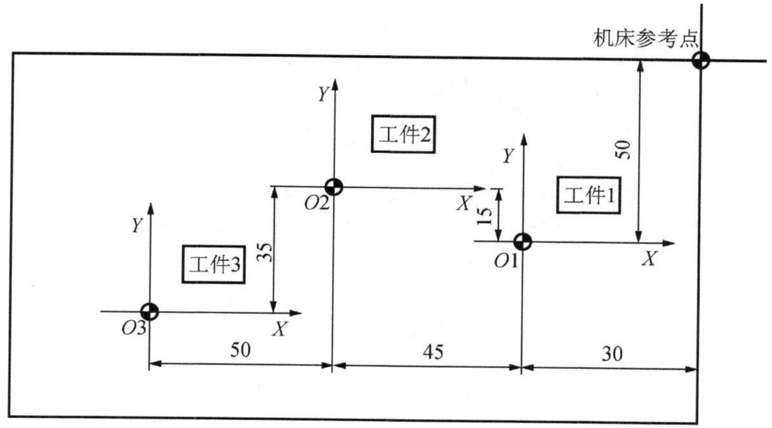

图 2-1-5 工件坐标系设置

```
N10 G54 G00 Z100;
N20 M03S500;
N30 G00 X0 Y0;
…
N90 G00 Z100;
N100 G55;
N110 G00 X0 Y0;
…
N200 M30;
```

例 1 的 N10～N90 段程序，通过 G54 设定 O1 作为工件坐标原点来完成工件 1 的加工，N100～N200 段程序，通过 G55 设定 O2 作为另一工件坐标原点最终完成工件 2 的加工。由此看出，编写加工程序时，可根据需要设定工件上任一点作为工件坐标原点。

（2）G92 指令的介绍如下。

指令格式：G92X__ Y__ Z__;

指定程序自动执行加工零件时编程坐标系原点在加工中的位置。"X__ Y__ Z__" 为刀具当前点（执行 G92 程序段时，刀具所处的位置）偏离工件编程原点的方向和距离，为模态指令。该坐标系指令在断电、重新上上电后消失。程序必须在 G92 程序段起点处结束，否则程序将不能循环加工。

G92 与 G54～G59 的区别如下。

G92 指令与 G54～G59 指令都是用于设定工件加工坐标系，但在使用中是有区别的。G92 指令是通过程序来设定、选用加工坐标系，它所设定的加工坐标系原点与当前刀具所在的位置有关，即设定的加工原点在机床坐标系中的位置是随当前刀具位置的不同而改变的。

【例 2】 图 2-1-6 所示，刀具在当前点使用可编程偏置指令 G92 X40 Y20 Z15；表示确立的加工原点在距离刀具起始点 X=−40，Y=−20，Z=−15 的位置上。

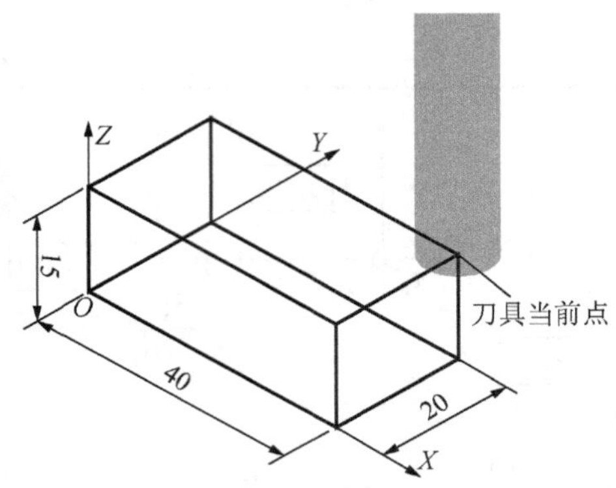

图 2-1-6　G92 坐标系设置

3）单位输入设定指令

单位输入设定指令是用来设置加工程序中坐标值，单位为英制或米制，FANUC 系统采用 G20/G21 来进行英制、米制的切换。

（1）英制单位输入 G20。

（2）米制单位输入 G21。

机床出厂前，机床生产厂商通常将米制单位输入设定为系统参数缺省状态。

4）绝对值编程与增量值编程指令（G90/G91）

指令格式：G90/G91 G__X__Y__Z__;

指令说明：

（1）G90 与 G91 后的尺寸字地址只能用 X、Y、Z。

（2）G90 与 G91 均为模态指令，可相互抵消。其中 G90 为机床开机的默认指令。

（3）G90、G91 可用于同一程序段中，但要注意其顺序所造成的差异。同组 G 代码在同一程序段中出现时，执行后面的 G 功能指令。

其中：G90 指令按绝对值编程方式设定坐标，即移动指令终点的坐标值 *X*、*Y*、*Z* 都是以当前坐标系原点为基准来计算。

G91 指令按增量值编程方式设定坐标，即移动指令终点的坐标值 *X*、*Y*、*Z* 都是以当前点为基准来计算的，当前点到终点的方向与坐标轴同向取正，反向取负。

5）坐标轴运动功能指令

（1）快速定位指令 G00 介绍如下。

指令格式：G00 X__ Y__ Z__;

指令说明：

① X、Y、Z 为编程目标点坐标;

② G00 为模态指令。

注意：

① 刀具运动轨迹不一定为直线。

② 运动速度由系统参数给定。

③ 用此指令时不切削工件。

④ 为了确保安全、避免浪费过多的时间在考虑 G00 路径与工件（或毛坯）、夹具的

安全关系，禁止编程时采用三轴联动进行快速定位。

该指令控制刀具以点位控制的方式快速移动到“X__Y__Z__”目标位置，其移动速度由系统参数来设定。指令执行开始后，刀具沿着各个坐标方向同时按参数设定的速度移动，最后减速到达终点。编程轨迹如图 2-1-7 (a) 所示。注意：在各坐标方向上有可能不是同时到达终点。刀具移动轨迹是几条线段的组合，不是一条直线。在 FANUC 系统中，运动总是先沿 45° 角的直线移动，最后再在某一轴单向移动至目标点位置，如图 2-1-7 (b) 所示。编程人员应了解所使用的数控系统的刀具移动轨迹情况，以避免加工中可能出现的碰撞。

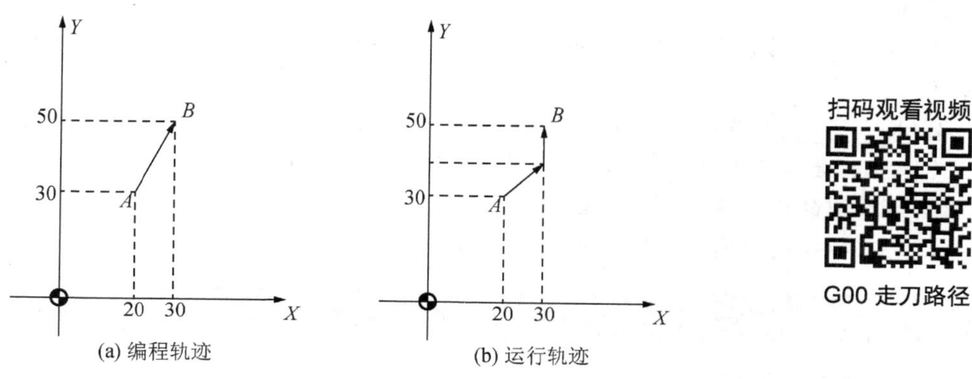

(a) 编程轨迹　(b) 运行轨迹

图 2-1-7　G00 指令编程

【例 3】 将刀具由坐标系 A（20，30，0）移动至 B（30，50，0）点，则输入程序：G00 X30 Y50 Z0。

（2）直线插补指令 G01 介绍如下。

指令格式：G01 X__Y__Z__F__;

指令说明：

① X、Y、Z 为直线终点坐标。

② F 为进给速度。

③ G01 为模态指令，如果后续的程序段仍为直线插补加工，可以不再书写这个指令。

④ 程序段指令刀具从当前位置以联动的方式，按程序段中 F 指令所规定的合成进给速度沿直线（联动直线轴的合成轨迹为直线）移动到程序段指定的终点，刀具的当前位置是直线的起点，为已知点。

【例 4】 用 G01 指令编程如图 2-1-8 所示。

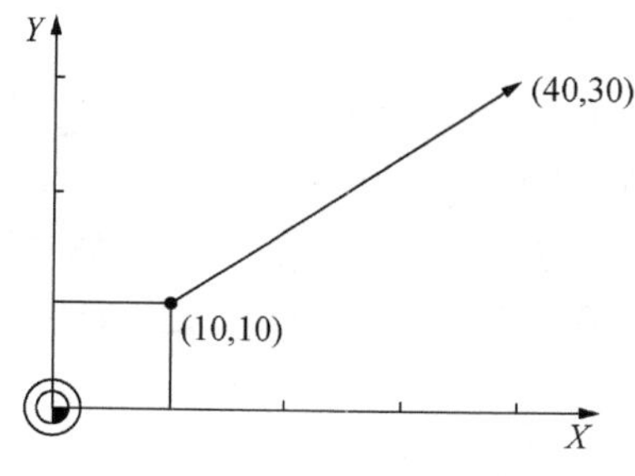

图 2-1-8　G01 指令应用

绝对值方式编程如下。

```
G90 G01 X40 Y30 F100;
```

增量式编程如下。

```
G91 G01 X30 Y20 F100;
```

执行该指令可使刀具顺着起点到终点的直线进行切削。“X__ Y__ Z__” 为走刀的终点坐标。“F__”为切削进给速度，单位为mm/min或mm/r。该指令必须指令或已经指令了“F__”。

注意：

① G01 指令为模态指令，即如果上一段程序和本段程序均为 G01，则本段中的 G01 可以不写。

② X__ Y__ Z__坐标值为模态值，即如果本段程序的 X（Y、Z）坐标值与上一段程序的 X（Y、Z）坐标值相同，则本段程序可以不写 X（Y、Z）的坐标。

③ 指令中的进给速度 F__为模态指令。

④ G01 指令的应用与坐标平面的选择无关。

任务实施

步骤一　制定加工工艺

1. 零件图工艺分析

该零件为平面类零件，外形为矩形，只需加工上表面，零件结构合理；由零件图可看出，该零件有尺寸精度要求；所用材料为45#，材料硬度适中，便于加工；宜选择普通数控铣床加工。

2. 确定零件的装夹方式

由于该零件结构及其所对应的毛坯结构均为矩形，宜选平口钳装夹。

3. 确定加工顺序

根据图样加工要求，上表面的加工方案采用“端铣刀粗铣→精铣”完成，台阶面用“立铣刀粗铣→精铣”完成。

4. 刀具的选择

零件材料为45#，可选用硬质合金面铣刀。粗铣时，选用ϕ100 mm 的面铣刀；精铣时，选用ϕ125 mm 的面铣刀。零件上表面宽 100 mm，面宽不太大，拟用直径比平面宽度大的面铣刀单次铣削平面，平面铣刀最理想的宽度应为材料宽度的 1.3～1.6 倍，因此选用ϕ125 mm 的面铣刀较合适；粗铣和精铣台阶面用ϕ12 mm 立铣刀。

5. 切削用量的选择

（1）粗铣上表面，进给速度 F=300 mm/min，切削深度 a_p=1.5 mm，n = 250 r/min。

（2）精铣上表面，进给速度 F=160 mm/min，切削深度 a_p=0.5 mm，n =400 r/min。

（3）粗铣时，进给速度 F=100 mm/min，切削深度 a_p=4.5 mm，n = 350 r/min。

（4）精铣时，进给速度 F=80 mm/min，切削深度 a_p=0.5 mm，n = 450 r/min。

6. 填写数控加工工序卡

数控加工工序卡填写示例见图 2-1-9。

<table>
<tr><td rowspan="2">工厂</td><td rowspan="2"></td><td colspan="2" rowspan="2">产品名称或代号</td><td colspan="2">零件名称</td><td colspan="2">材料</td><td>零件图号</td></tr>
<tr><td colspan="2">平板</td><td colspan="2">45#</td><td>××</td></tr>
<tr><td>工序号</td><td>程序编号</td><td>夹具名称</td><td>夹具编号</td><td colspan="4">使用设备</td><td>车间</td></tr>
<tr><td>××</td><td>×××</td><td>虎钳</td><td>×××</td><td colspan="4">×××××</td><td>××</td></tr>
<tr><td>工步号</td><td>工步
内容</td><td colspan="2">刀具号</td><td>主轴转速
/（r/min）</td><td>进给速度
/（mm/min）</td><td>背吃刀量
/mm</td><td>侧吃刀量
/mm</td><td>备注</td></tr>
<tr><td>1</td><td>粗铣上表面</td><td colspan="2">T01</td><td>250</td><td>300</td><td>1.5</td><td>80</td><td></td></tr>
<tr><td>2</td><td>精铣上表面</td><td colspan="2">T02</td><td>400</td><td>160</td><td>0.5</td><td>80</td><td></td></tr>
<tr><td>3</td><td>粗铣台阶面</td><td colspan="2">T03</td><td>350</td><td>100</td><td>4.5</td><td>9.5</td><td></td></tr>
<tr><td>4</td><td>精铣台阶面</td><td colspan="2">T03</td><td>450</td><td>80</td><td>0.5</td><td>0.5</td><td></td></tr>
</table>

图 2-1-9　数控加工工序卡示例 2-1

步骤二　编制加工程序

选择毛坯上表面为程序原点（Z0），工件中心为（X0，Y0）。

1. 上平面铣削

编写加工程序可参考表 2-1-3。

表 2-1-3　上平面铣削参考程序

程序	说明
O4002;	程序名
N10 G90 G54 G00 Z100;	建立工件坐标系，快速进至安全高度
N20 M03 S250;	主轴正转，主轴转速 250 r/min
N30 X120 Y0;	快进到下刀位置
N40 G00 Z5 M08;	接近工件，同时打开冷却液
N50 G01 Z-0.5 F100;	下刀至 Z-0.5
N60 X-120 F300;	粗加工上表面
N70 Z-1 S400;	下刀至 Z-1 面，主轴转速 400 r/min
N80 X120 F160;	精加工上表面
N90 G00 Z100 M09;	Z 向抬刀至安全高度，并关闭冷却液
N100 M05;	主轴停
N110 M30;	程序结束

2．台阶面加工

编写加工程序可参考表 2-1-4。

表 2-1-4　台阶面加工参考程序

程序	说明
O4003；	程序名
N10 G90 G54 G00 Z50；	建立工件坐标系，快速进给至下刀位置
N20 M03 S350；	主轴正转，主轴转速 350 r/min
N30 X-46.5 Y-60；	快进到下刀位置
N40 G00 Z5 M08；	接近工件，同时打开冷却液
N50 G01 Z-4.5 F100；	下刀至 Z-4.5
N60 Y60；	粗铣左侧台阶
N70 G00 X46.5；	快进至右侧台阶起刀位置
N80 G01 Y-60；	粗铣右侧台阶
N90 Z-5 S450；	下刀至 Z-5
N100 X46；	走至右侧台阶起刀位置
N110 Y60 F80；	精铣右侧台阶
N120 G00 X-46；	快进至左侧台阶起刀位置
N130 G01 Y-60；	精铣左侧台阶
N140 G00 Z50 M05 M09；	抬刀，并关闭冷却液
N150 M05；	主轴停
N160 M30；	程序结束

步骤三　加工操作

1. 加工准备

（1）开机，返回机床参考点。

（2）装夹工件，露出加工的部位，避免刀头碰到夹具；用百分表校检工件基准面的水平误差和垂直度误差，并确保夹紧后的定位精度。

（3）用光电式或机械式寻边器对工件进行找正，填写 G54 零点偏置表，认真检查零点偏置数据的正确性。

（4）根据工序准备刀具，装刀。

（5）对出 Z 轴刀具长度，并输入到数控系统中。

（6）输入程序并进行校验。

2. 工件加工

（1）执行每一个程序前检查其所用的刀具，检查切削参数是否合适，开始加工时宜把进给速度调至最小，密切观察加工状态，若有异常现象要及时停机检查。

（2）在加工过程中不断优化加工参数，达到最佳加工效果。粗加工后检查工件是否有松动，检验工件的尺寸，所留精加工余量 0.5 mm 是否正确，上平面与基准面是否平行。

扫码观看视频

平板加工仿真

（3）精加工后检验工件尺寸否符合图纸要求，调整加工参数，直至工件与图纸及工艺要求相符。

（4）工件拆卸后要及时清洁机床工作台。

步骤四　检测与评分

检测与评分表

班级			姓名	学号		
课题	平板加工			零件编号	图 2-1-1	
	序号	检测内容	配分	学生自评	教师评价	问题及改进
编程	1	加工工艺制定正确	10			
	2	切削用量合理	5			
	3	程序正确、简洁、规范	10			
	4	设备操作、维护保养正确	5			
操作	5	安全、文明生产	10			
	6	刀具选择、正确安装、规范	5			
	7	工件找正、正确安装、规范	5			
工作态度	8	行为规范、纪律表现	10			
尺寸检测	9	$30_{-0.1}^{0}$ mm	5			
	10	$5_{-0.05}^{0}$ mm	5			
	11	100±0.1mm	5			
	12	80±0.04 mm	5			
	13	// 0.04 A	5			
	14	▱ 0.06	5			
粗糙度	15	所有加工表面	10			

任务二　六面体加工

零件名称：六面体（图样见图 2-2-1）
材料：45#
毛坯尺寸：100 mm×100 mm×30 mm

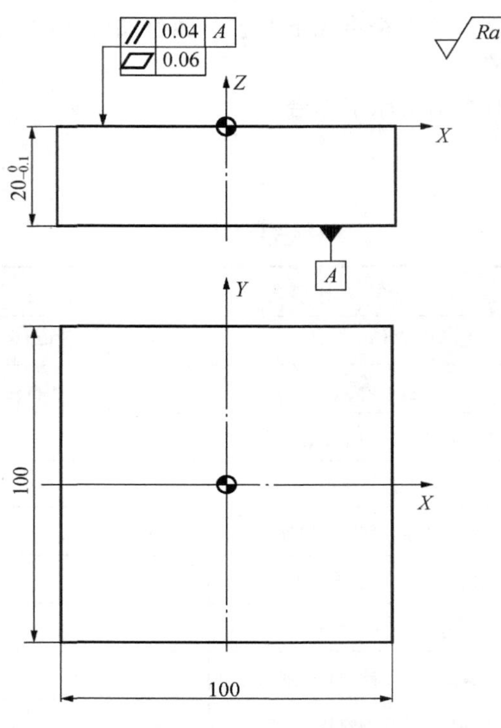

图 2-2-1　六面体图样

任务内容

（1）制定平面铣削工艺方案。
（2）编制六面体加工程序。
（3）用数控铣床铣削六面体。

知识目标

（1）掌握平面铣削工艺知识。
（2）掌握平面切削用量的选用。
（3）了解冷却液的基本常识。
（4）掌握平面铣削加工程序的编制方法。

技能目标

（1）能够正确选用夹具装夹工件。
（2）正确选用加工刀具及合理的切削用量。
（3）能够熟练操作数控机床铣削六面体。

评价方法

观察法，检查作业，根据检测评价表评价学生过程成绩。

知识准备

一、平面铣削的基本概念

1. 铣削特点概述

（1）断续切削，冲击、振动大。
（2）多刀多刃切削，生产率高。
（3）半封闭式切削，要有容屑和排屑空间。
（4）切削负荷呈周期变化。

2. 平面铣削基本概念

平面铣削加工通常是指对工件上的各类平面进行铣削并达到一定表面质量要求的加工。分析平面铣削加工工艺时，应考虑加工平面区域的大小以及加工平面相对基准面的位置；分析平面铣削精度要求时，应考虑加工平面的表面粗糙度以及加工平面相对基准面的定位尺寸精度、平行度、垂直度等要求。

3. 端铣和周铣

铣削是指由铣刀旋转作主运动工件或铣刀作进给运动的切削方法。铣削平面的方法主要有圆周铣削[或称周铣如图 2-2-2（a）所示]和端面铣削[或称端铣如图 2-2-2（b）所示]。圆周铣削是用铣刀圆周上的刀齿进行铣削的方法；端面铣削是用端面上的刀齿进行铣削的方法。在利用面铣刀铣面时，应尽量避免刀具中心轨迹与工件中心线重合、刀具中心轨迹与工件边缘重合、刀具中心轨迹在工件边缘外 3 种情况，设计刀具中心轨迹在工件边缘与中心线间是理想的选择。

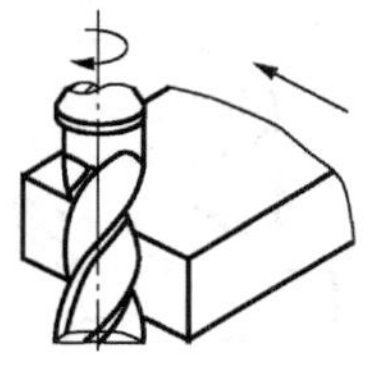

（a）周铣　　（b）端铣

图 2-2-2　铣削平面的方法

铣平面时，端铣与周铣相比，端铣具有以下几个优点。

（1）端铣刀的副切削刃对已加工表面有修光作用，能降低粗糙度，而周铣的工件表面有波纹状残留面积。

（2）同时参加切削的端铣刀齿数较多，切削力的变化程度较小，因此工作时的振动比周铣也小。

（3）端铣刀的主切削刃刚接触工件时，切屑厚度不等于零，使刀刃不易磨损。

（4）端铣刀的刀杆伸出较短，刚性好，刀杆不易变形，可用较大的切削量。

由此可见，用端铣法的加工质量较好，生产率较高。所以铣削平面大多采用端铣。但是周铣对加工各种形面的适应性较广，而有些形面（如成形面等）则不能用端铣。

二、平面铣削加工工艺

1. 平面铣削加工走刀路线的确定

数控铣削加工中进给路线的确定对零件的加工精度和表面质量有直接的影响，因此，确定好进给路线是保证铣削加工精度和表面粗糙度的工艺措施之一。进给路线的确定与工件表面状况、要求的零件表面质量、机床进给机构的间隙、刀具耐用度以及零件轮廓形状等有关。

在平面加工中，能使用的进给路线也是多种多样的，比较常用的有 2 种，如图 2-2-3（a）和图 2-2-3（b）所示分别为环绕加工和平行加工。

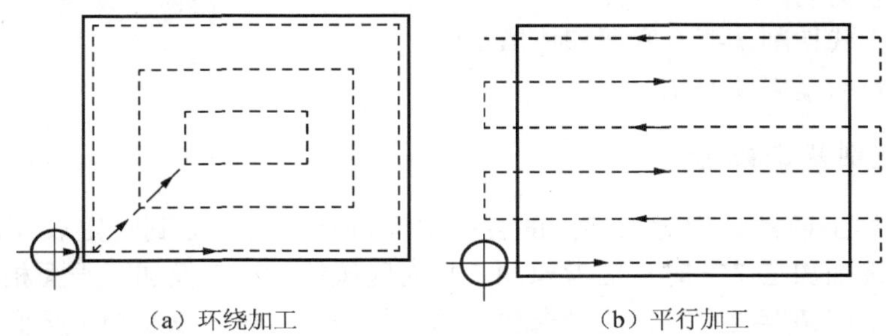

（a）环绕加工　　（b）平行加工

图 2-2-3　平面加工的进给路线

2. 平面铣削的切削参数

平面铣削的切削用量如图 2-2-4 所示。

铣削加工的切削用量包括：切削速度、进给速度、背吃刀量和侧吃刀量。数控加工中选择切削用量时，就是在保证加工质量和刀具寿命的前提下，充分发挥机床性能和刀具切削性能，使切削效率最高，加工成本最低。从刀具耐用度出发，切削用量的选择方法是：先选择背吃刀量或侧吃刀量，其次选择进给速度，最后确定切削速度。

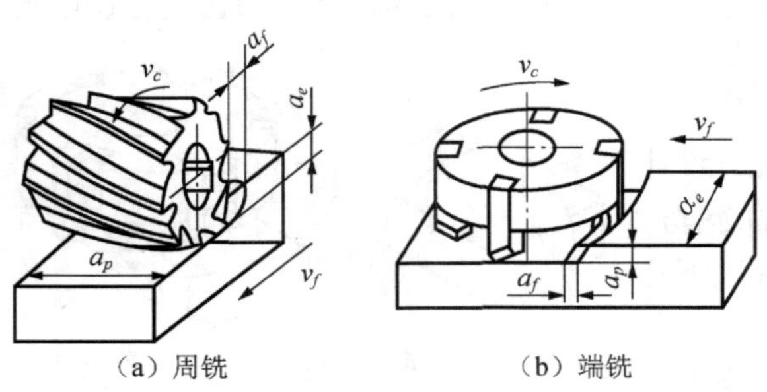

（a）周铣　　（b）端铣

图 2-2-4　铣削用量

1）背吃刀量 a_p 和侧吃刀量 a_e 的选择

背吃刀量 a_p 为平行于铣刀轴线测量的切削层尺寸，单位为 mm。端铣时，a_p 为

切削层深度；而圆周铣削时，a_p 为被加工表面的宽度。侧吃刀量 a_e 为垂直于铣刀轴线测量的切削层尺寸，单位为 mm。端铣时，a_e 为被加工表面宽度；而圆周铣削时，a_e 为切削层深度，如图 2-2-3 所示。

背吃刀量和侧吃刀量的选取主要由加工余量和对表面质量的要求决定。

（1）在要求工件表面粗糙度值 Ra 为 12.5～25 μm 时，如果圆周铣削的加工余量小于 5 mm，端铣的加工余量小于 6 mm，粗铣一次进给就可以达到要求。但余量较大、数控铣床刚性较差或功率较小时，可分两次进给完成。

（2）在要求工件表面粗糙度值 Ra 为 3.2～12.5 μm 时，可分粗铣和半精铣 2 步进行，粗铣的背吃刀量与侧吃刀量取同。粗铣后留 0.5～1 mm 的余量，在半精铣时完成。

（3）在要求工件表面粗糙度值 Ra 为 0.8～3.2 μm 时，可分为粗铣、半精铣和精铣 3 步进行。半精铣时背吃刀量与侧吃刀量取 1.5～2 mm，精铣时，圆周侧吃刀量可取 0.3～0.5 mm，端铣背吃刀量取 0.5～1 mm。

2）进给量 f 与进给速度 V_f 的选择

铣削加工的进给量 f（mm/r）是指刀具转一周，工件与刀具沿进给运动方向的相对位移量；进给速度 V_f（mm/min）是单位时间内工件与铣刀沿进给方向的相对位移量。进给速度与进给量的关系为

$$V_f = nf$$

式中：n—铣刀转速，r/min。

进给量与进给速度是数控铣床加工切削用量中的重要参数，根据零件的表面粗糙度、加工精度要求、刀具及工件材料等因素，参考《切削用量手册》选取或通过选取每齿进给量 f_z，再根据公式 $f=Zf_z$（Z 为铣刀齿数）计算。

每齿进给量 f_z 的选取主要依据工件材料的力学性能、刀具材料、工件表面粗糙度等因素。工件材料强度和硬度越高，f_z 越小；反之则越大。硬质合金铣刀的每齿进给量高于同类高速钢铣刀。工件表面粗糙度要求越高，f_z 就越小。每齿进给量 f_z 参考《切削用量手册》或表 2-2-1 选取。工件刚性差或刀具强度低时，应取较小值。

表 2-2-1　每齿进给量 f_z 推荐表

<table>
<tr><th rowspan="3">工件材料</th><th colspan="4">每齿进给量/（mm/r）</th></tr>
<tr><th colspan="2">粗铣</th><th colspan="2">精铣</th></tr>
<tr><th>高速钢铣刀</th><th>硬质合金铣刀</th><th>高速钢铣刀</th><th>硬质合金铣刀</th></tr>
<tr><td>钢</td><td>0.1～0.15</td><td>0.10～0.25</td><td rowspan="2">0.02～0.05</td><td rowspan="2">0.10～0.15</td></tr>
<tr><td>铸铁</td><td>0.12～0.20</td><td>0.15～0.30</td></tr>
</table>

3）切削速度 V_c

铣削加工的切削速度根据已选定的切削深度、进给量及刀具寿命来选择。V_c 可参考表 2-2-2 中的数据选取，也可参考有关《切削用量手册》中的经验公式通过计算选取。

实际编程中，切削速度确定后，还要计算出主轴转速，其计算公式为

$$n = 1000\frac{V_c}{\pi D}$$

表 2-2-2　铣削速度 V_c 的推荐范围

工件材料	硬度 HBS	切削速度 V_c/（m/min）	
		高速钢铣刀	硬质合金铣刀
钢	<225	18～42	66～150
	225～325	12～36	54～120
	325～425	6～21	36～75
铸铁	<190	21～36	66～150
	190～260	9～18	45～90
	260～320	4.5～10	21～30

式中：V_c——切削线速度，m/min；

n——主轴转速，r/min；

D——刀具直径，mm。

计算出的主轴转速最后要参考机床说明书选取机床有的或较接近的转速。平面铣削时切削用量选择得是否合理，将直接影响铣削加工的质量。

3. 平面粗加工时切削用量的确定原则

铣削加工切削用量包括切削速度、进给速度、背吃刀量和侧吃刀量。

粗加工时，应尽量保证较高的金属切除率和必要的刀具耐用度。粗加工切削用量的选择原则是：应首先选取尽可能大的背吃刀量 a_p，其次根据机床动力和刚性的限制条件，选取尽可能大的进给量 f，最后根据刀具耐用度要求，确定合适的切削速度 V_c。增大背吃刀量 a_p，可使走刀次数减少，增大进给量 f 有利于断屑。

平面粗铣加工时，工件余量多，质量要求低，选择切削用量时主要考虑工艺系统刚性、刀具使用寿命、机床功率、工件余量大小等因素。

1）确定 Z 向背吃刀量 a_p 或侧吃刀量 a_e

铣削无硬皮的钢料时，Z 向切削深度一般选 3～5 mm；铣削铸钢或铸铁时，Z 向切削深度一般选 5～7 mm。切削宽度可根据工件加工面的宽度尽量一次铣出，当切削宽度较小时，Z 向切深可相应增大。

2）确定每齿进给量

选择较大的每齿进给量有利于提高粗铣效率，但同时应考虑到当选择了较大的 Z 向切削深度和切削宽度后工艺系统刚性是否足够。

3）确定铣削速度

当 Z 向切削深度、切削宽度、每齿进给量选择均较大时，受机床功率和刀具耐用度的限制，一般选择较低的铣削速度。

4. 平面精铣时切削用量的确定原则

精加工时，对加工精度和表面粗糙度要求较高，加工余量不大且较均匀。选择切削用量时，应着重考虑如何保证加工质量，并且在此基础上尽量提高生产率。因此，精加工切

削用量的选择原则是：应选用较小（但不能太小）的背吃刀量和进给量，并选用性能高的刀具材料和合理的几何参数，以尽可能提高切削速度。

当表面粗糙度 *Ra* 在 1.6～3.2 μm 范围内时，平面类零件一般采用粗、精铣两次加工。经过粗铣加工后，精铣加工的余量一般为 0.5～2 mm，考虑到工件表面的质量要求，一般选择较小的每齿进给量。此时，因加工余量较少，应尽量选择较大铣削速度。

当表面粗糙度 *Ra* 在 0.4～0.8 μm 范围时，平面精铣时的切削深度一般为 0.5 mm 左右。每齿进给量一般选较小值（高速钢铣刀为 0.02～0.05 mm，硬质合金铣刀为 0.10～0.15 mm）。铣削速度在推荐范围内选最大值。如当采用高速钢铣刀铣削一般中碳钢或灰口铸铁时，铣削速度在 20～40 m/min 之间选较大值；当采用硬质合金铣刀铣削上述材料时，铣削速度在 90～150 m/min 之间选较大值。

二、切削液基本常识

1. 切削液作用

在金属切削过程中，为提高切削效率，提高工件的精度和降低工件表面粗糙度，延长刀具使用寿命，达到最佳的经济效果，就必须减少刀具与工件、刀具与切屑之间摩擦，及时带走切削区内因材料变形而产生的热量。要达到这些目的，一方面是通过开发高硬度耐高温的刀具材料和改进刀具的几何形状，如使用碳素钢、高速钢、硬质合金及陶瓷等刀具材料以及使用转位刀具等，使金属切削的加工效率得到迅速提高；另一方面采用性能优良的切（磨）削液往往可以明显提高切削效率，降低工件表面粗糙度，延长刀具使用寿命，取得良好的经济效益，切削液作用有如下几方面。

1）冷却作用

金属切削时，切屑、工件与刀具之间的摩擦可分为干摩擦、流体润滑摩擦和边界润滑摩擦。切削液渗入到切屑、刀具、工件的接触面间，黏附在金属表面上形成润滑膜，减小它们之间的摩擦系数，减轻黏结现象，抑制积屑瘤，并改善已加工表面的粗糙度，提高刀具耐用度。润滑性能取决于切削液的渗透性、吸附薄膜形成能力与强度等。

2）润滑作用

切削液在切削过程可以减小前刀面与切屑，后刀面与已加工表面间的摩擦，形成部分润滑膜，从而减小切削力、摩擦和功率消耗，降低刀具与工件坯料摩擦部位的表面温度和刀具磨损，改善工件材料的切削加工性能。在磨削过程中，加入磨削液后，磨削液渗入砂轮磨粒—工件及磨粒—磨屑之间形成润滑膜，使界面间的摩擦减小，防止磨粒切削刃磨损和黏附切屑，从而减小磨削力和摩擦热，提高砂轮耐用度以及工件表面质量。

3）清洗作用

在金属切削过程中切削液带走生成的切屑、磨屑、铁粉、油污和砂粒，防止机床、工件和刀具的沾污，使刀具或砂轮的切削刃口保持锋利，不致影响切削效果。对于油基切削油，黏度越低，清洗能力越强，尤其是含有煤油、柴油等轻组分的切削油，渗透性和清洗性能就越好。含有表面活性剂的水基切削液，清洗效果较好，因为它能在表面上形成吸附膜，阻止粒子和油泥等黏附在工件、刀具及砂轮上，同时它能渗入到粒子和油泥黏附的界面上，把它从界面上分离，随切削液带走，保持切削液清洁。

4）防锈作用

在金属切削过程中，工件要与环境介质及切削液分解或氧化变质而产生的油泥等腐蚀性介质接触而腐蚀，与切削液接触的机床部件表面也会因此而腐蚀。此外，在工件加工后或工序之间流转过程中暂时存放时，也要求切削液有一定的防锈能力，防止环境介质及残存切削液中的油泥等腐蚀性物质对金属产生侵蚀。

2. 切削液分类

切削液分为油基切削液和水基切削液 2 大类。

1）油基切削液的分类

油基切削液是以矿物油为主要成分，根据加工工艺和加工材料的不同，可以用纯矿物油，也可以加入各类油性添加剂和极压添加剂以提高其润滑效果。

2）水基切削液的分类

水基的切削液可分为乳化液、半合成切削液和合成切削液。

乳化液的成分：矿物油 50～80%，脂肪酸 0～30%，乳化剂 15%～25%，防锈剂 0～5%，防腐剂＜2%，消泡剂＜1%。

半合成：矿物油 0～30%，脂肪酸 5%～30%，极压剂 0～20%，表面活性剂 0～5%，防锈剂 0～10%。

全合成：表面活性剂 0～5%，氨基醇 10%～40%，防锈剂 0～40%。

3）油基切削液和水基切削液的区别

油基切削液的润滑性能较好，冷却效果较差。水基切削液与油基切削液相比润滑性能相对较差，冷却效果较好。慢速切削要求切削液的润滑性要强，一般来说，切削速度低于 30m/min 时使用切削油。含有极压添加剂的切削油，不论对任何材料的切削加工，当切削速度不超过 60m/min 时都是有效的。在高速切削时，由于发热量大，油基切削液的传热效果差，会使切削区的温度过高，导致切削油产生烟雾、起火等现象，并且由于工件温度过高易产生热变形，影响工件加工精度，故多用水基切削液。

3. 切削液的选用

切削液的使用效果除取决于切削液的性能外，还与刀具材料、加工要求、工件材料、加工方法等因素有关，应综合考虑，合理选用。

1）根据刀具材料和加工要求选择切削液

（1）工具钢刀具：其耐热温度约在 200～300℃之间，只能适用于一般材料的切削，在高温下会失去硬度。由于这种刀具耐热性差，要求冷却液的冷却效果要好，一般采用乳化液为宜。

（2）高速钢：高速钢刀具耐热性差，粗加工时，切削用量大，切削热多，容易导致刀具磨损，应选用以冷却为主的切削液，如 3%～5%的乳化液或水溶液；精加工时，主要是获得较好的表面质量，可选用润滑性好的极压切削油或高浓度极压乳化液。

（3）硬质合金刀具：硬质合金刀具耐热性好，一般不用切削液，如必要，也可用低浓度乳化液或水溶液，但应连续、充分地浇注，以免高温下刀片冷热不均，产生热应力而导致裂纹、损坏等。

（4）陶瓷刀具：采用氧化铝、金属和碳在高温下烧结而成，这种材料的高温耐磨性比硬质合金要好，一般采用干切削，但考虑到均匀的冷却和避免温度过高，也常用水基切削液。

（5）金刚石刀具：具有极高的硬度，一般采用干切削。为避免温度过高，同陶瓷材料一样，许多情况下采用水基切削液。

2）根据工件材料选择切削液

加工钢等塑性材料时，需用切削液；而加工铸铁等脆性材料时，则一般不用，原因是其作用不如钢明显，又易污染机床和工作地；对于高强度钢、高温合金等，加工时均处于极压润滑摩擦状态，应选用极压切削油或极压乳化液；对于铜、铝及铝合金，为了得到较好的表面质量和精度，可采用 10%～20%的乳化液、煤油或煤油与矿物油的混合液；切削铜时不宜用含硫的切削液，因为硫会腐蚀铜；有的切削液与金属能形成超过金属本身强度的化合物，这将给切削带来相反的效果。例如，铝的强度低，切铝时就不宜用硫化切削油。

3）根据加工方法选择切削液

切削加工是一个复杂的过程，尽管是切削一种材料，但当切削速度改变或切削工件的几何形状改变时，切削液显示的效果就完全不同，所以在选择切削液时要结合加工工艺和加工工序的特点来综合考虑。对于不同切削加工类型，金属的切除特性是不一样的，较难的切削加工对切削液要求也较高。

任务实施

步骤一 制定加工工艺

1. 零件图工艺分析

该零件为平面类零件，外形为矩形，加工 6 个面，零件结构合理。由零件图可看出，该零件有尺寸精度、平行度和平面度要求；所用材料为 45#，材料硬度适中，便于加工；宜选择普通数控铣床加工。

2. 确定零件的装夹方式

由于该零件结构及其所对应的毛坯结构均为矩形，宜选平口钳装夹。

3. 刀具的选择

零件材料为 45#，可选用硬质合金面铣刀。粗铣时，选用ϕ100 mm 的面铣刀；精铣时，选用ϕ125 mm 的面铣刀。零件上表面宽 100 mm，面宽不太大，拟用直径比平面宽度大的面铣刀单次铣削平面，平面铣刀最理想的宽度应为材料宽度的 1.3～1.6 倍，因此选用ϕ125 mm 的面铣刀较合适，当刀具中心在工件的中心时，刀具与工件的两边都有一定的重叠。

4. 切削用量的选择

（1）粗铣时，进给速度 F=300 mm/min，切削深度 a_p=1 mm，n=800 r/min。

（2）精铣时，进给速度 F=200 mm/min，切削深度 a_p=0.5 mm，n=900 r/min。

5. 填写数控加工工序卡

填写示例如图 2-2-5 所示。

数控加工工序卡		产品名称或代号		零件名称		材料		零件图号
		××		六面体		45#钢		××
工序号	程序编号	夹具名称		使用设备				车间
××	××	虎钳		数控铣				××
工步号	工步内容	夹具	刀具号	刀具规格/mm	主轴转速/（r/min）	进给速度/（mm/min）	背吃刀量/mm	备注
1	精铣上表面和底面	虎钳	T01	ϕ100	800	300	1	
2	粗铣四周面	虎钳	T01	ϕ100	800	300	1	
3	粗铣上表面和底面	虎钳	T02	ϕ125	900	200	0.5	
4	粗铣四周面	虎钳	T02	ϕ125	900	200	0.5	

图 2-2-5 数控加工工序卡示例 2-2

步骤二 编制加工程序

选择毛坯上表面为程序原点（*Z*0），工件中心为（*X*0，*Y*0），单次平面铣削的程序如下。

1. 上表面与底面粗铣程序

编写加工程序参考表 2-2-3。

表 2-2-3 上表面与底面粗铣程序

程序	说明
O0003；	程序名
N05 G17 G40 G80 G21；	在 G17 平面上加工
N10 G90 G54 G00 Z50；	G54 工件坐标系，主轴快速定位在 *Z*50 的安全高度
N15 M03 S800；	主轴正转，转速为 800 r/min
N20 G00 X120 Y-30 M08；	快速定位到下刀点，冷却液开
N30 G00 Z5；	刀具接近工件
N40 G01 Z-1 F100；	刀具移到 *Z*−1
N50 G01 X-120 F300；	粗加工上表面
N60 G01 Y 30	直线插补至（*X*−120，*Y*30）
N70 G01 X120	直线插补至（*X*120，*Y*30）
N80 G00 Z100；	抬刀至 *Z*100
N90 M05 M09；	主轴停转，切削液关
N95 M30；	程序结束

2. 上表面与底面精铣程序

编写加工程序参考表 2-2-4。

表 2-2-4　上表面与底面精铣程序

程序	说明
O0004;	程序名
N05 G17 G40 G80 G21;	在 G17 平面上加工
N10 G90 G54 G00 Z50;	G54 工件坐标系，主轴快速定位在 *Z*50 的安全高度
N15 M03 S900;	主轴正转，转速为 900 r/min
N20 G00 X130 Y0 M08;	快速定位到下刀点，冷却液开
N30 G00 Z5;	刀具接近工件
N40 G01 Z-0.5 F200;	下刀至 Z−0.5
N50 G01 X-130 F200;	精加工上表面
N60 G00 Z100;	抬刀至 *Z*100
N70 M05 M09;	主轴停转，切削液关
N80 M30;	程序结束

3. 四周面粗铣程序

编写加工程序参考表 2-2-5。

表 2-2-5　四周面粗铣程序

程序	说明
O0005;	程序名
N05 G17 G40 G80 G21;	在 G17 平面上加工
N10 G90 G54 G00 Z50;	G54 工件坐标系，主轴快速定位在 *Z*50 mm 的安全高度
N15 M03 S800;	主轴正转，转速为 800 r/min
N20 G00 X120 Y-30 M08;	快速定位到下刀点，冷却液开
N30 G00 Z5;	刀具接近工件
N40 G01 Z-1 F300;	下刀至 *Z*−0.1
N50 G01 X-120 F300;	精加工上表面
N60 G00 Z100;	抬刀至 *Z*100
N70 M05 M09;	主轴停转，切削液关
N80 M30;	程序结束

4. 四周面精铣程序

编写加工程序参考表 2-2-6。

表 2-2-6　四周面精铣程序

程序	说明
O000;	程序名
N05 G17 G40 G80 G21;	在 G17 平面上加工
N10 G90 G54 G00 Z50;	G54 工件坐标系，主轴快速定位在 Z50 mm 的安全高度
N15 M03 S900;	主轴正转，转速为 900 r/min
N20 G00 X130 Y-30 M08;	快速定位到下刀点，冷却液开
N30 G00 Z5;	刀具接近工件
N40 G01 Z-0.5 F200;	下刀至 Z−0.5
N50 G01 X-130 F200;	精加工上表面
N60 G00 Z100;	抬刀至 Z100
N70 M05 M09;	主轴停转，切削液关
N80 M30;	程序结束

步骤三　加工操作

1. 加工准备

（1）开机，返回机床参考点。

（2）装夹工件，露出加工的部位，避免刀头碰到夹具；用百分表校检工件基准面的水平误差和垂直度误差，并确保夹紧后的定位精度。

（3）用光电式或机械式寻边器对工件进行找正，填写 G54 零点偏置表，认真检查零点偏置数据的正确性。

（4）根据工序准备刀具，装刀。

（5）对出 Z 轴刀具长度，并输入到数控系统中。

（6）输入程序并进行校验。

2. 工件加工

（1）执行每一个程序前检查其所用的刀具，检查切削参数是否合适，开始加工时宜把进给速度调至最小，密切观察加工状态，若有异常现象要及时停机检查。

（2）在加工过程中不断优化加工参数，达到最佳加工效果。粗加工后检查工件是否有松动，检验工件的尺寸，所留精加工余量 0.5 mm 是否正确，上平面与基准面是否平行。

（3）精加工后检验工件尺寸、平面度、基面平行度及粗糙度是否符合图纸要求，调整加工参数，直至工件与图纸及工艺要求相符。

（4）工件拆卸后及时清洁机床工作台。

步骤四　检测与评分

检测与评分表

班级		姓名		学号		
课题	六面体加工			零件编号	图 2-2-1	
	序号	检测内容	配分	学生自评	教师评价	问题及改进
编程	1	加工工艺制定正确	10			
	2	切削用量合理	5			
	3	程序正确、简洁、规范	10			
	4	设备操作、维护保养正确	5			
操作	5	安全、文明生产	10			
	6	刀具选择、正确安装、规范	5			
	7	工件找正、正确安装、规范	5			
工作态度	8	行为规范、纪律表现	10			
尺寸检测	9	$20_{-0.1}^{0}$ mm	10			
	10	100±0.1mm	10			
	11	// 0.04 A	5			
	12	⏥ 0.06	5			
粗糙度	14	所有加工表面	10			
		综合成绩				

课 后 习 题

【理论题】

扫一扫右面的二维码，考核一下自己的理论知识学习成果吧

扫码观看视频

【习题二】

【实操题】

1. 从坐标原点开始，顺时针切削如习图 2-1 所示工件轮廓，切深 5mm，最后再回到坐标原点。刀具初始安全高度为 50。

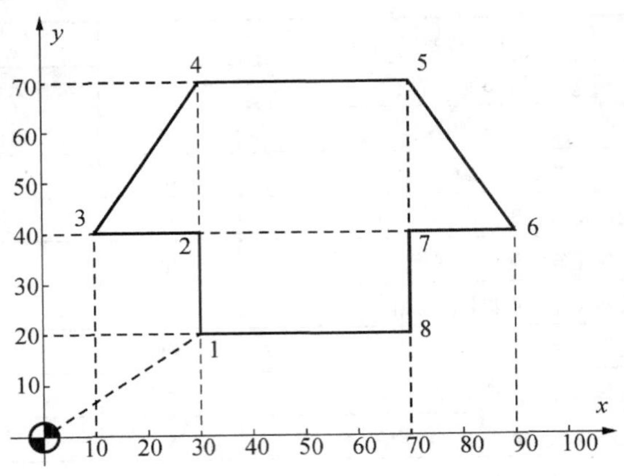

习图 2-1　工件轮廓

填写数控加工工序卡。

工厂		产品名称或代号		零件名称		材料		零件图号
						45#		××
工序号	程序编号	夹具编号		使用设备				车间
××	×××	×××		×××××				××
工步号	工步内容	夹具	刀具号	刀具规格/mm	主轴转速/（r/min）	进给速度/（mm/min）	背吃刀量/mm	备注
编制	×××	审核	××	批准	××	×年×月×日	共 1 页	第 1 页

2. 加工习图 2-2 所示零件的上表面及沟槽（单件生产）。毛坯为 100mm×100mm×25mm 的长方块（其余表面已加工），材料为 45#钢。

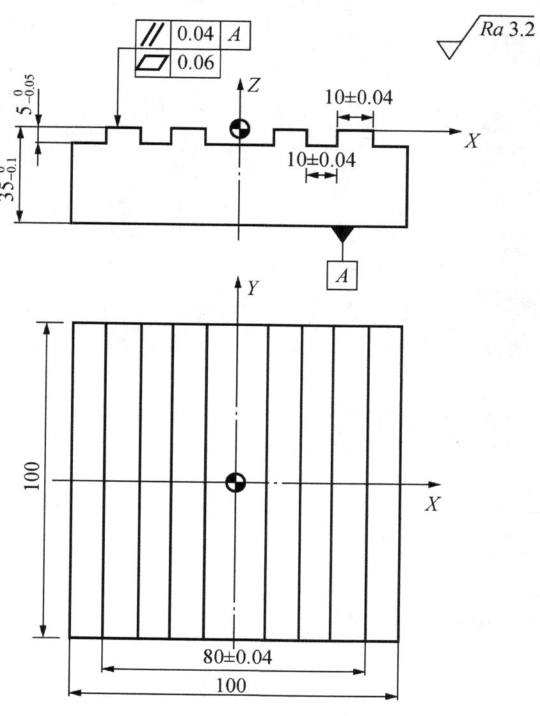

习图 2-2　零件图样

填写数控加工工序卡。

工厂		产品名称或代号		零件名称		材料		零件图号
						45#		××
工序号	程序编号	夹具编号		使用设备				车间
××	×××	×××		×××××				××
工步号	工步内容	夹具	刀具号	刀具规格/mm	主轴转速/（r/min）	进给速度/（mm/min）	背吃刀量/mm	备注
编制	×××	审核	××	批准	××	×年×月×日	共 1 页	第 1 页

项目三 外轮廓零件加工

任务一 平面图形加工

零件名称：平面图形（图样见图 3-1-1）
材料：45#
毛坯尺寸：80 mm×50 mm×40 mm

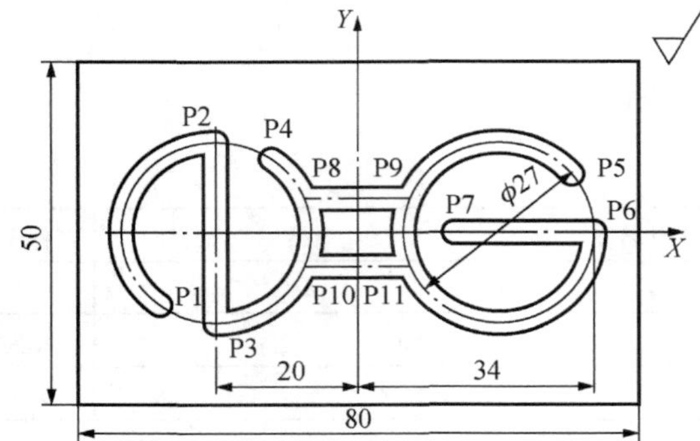

P	X	Y
P1	−28	−10.87
P4	−12	10.87
P5	30.87	8
P7	13.5	0
P8	−7.46	5

图 3-1-1　平面图形零件图样（二）

任务内容

（1）制定平面图形加工工艺方案。
（2）编制平面图形加工程序。
（3）用数控铣床加工平面图形零件。

知识目标

（1）掌握圆弧插补指令（G02，G03）的应用。
（2）掌握平面图形加工的编程方法。

技能目标

（1）能够正确使用夹具、装夹刀具。

（2）能够独立完成对刀操作。

（3）能够正确编写加工程序并进行程序输入、编辑、校验、加工。

评价方法

观察法，根据检测评价表评价学生过程成绩。

知识准备

G02/G03 指令使刀具相对工件在指定平面内以指定的速度从当前点（起始点）向终点进行圆弧插补运动。

1．指令格式

XY 平面圆弧插补指令，如图 3-1-2 所示。

$$G17\left\{\begin{matrix} G02 \\ G03 \end{matrix}\right\} X\_\ Y\_ \left\{\begin{matrix} R\_ \\ I\_\ J\_ \end{matrix}\right\} F\_ ;$$

ZX 平面圆弧插补指令，如图 3-1-3 所示。

$$G18\left\{\begin{matrix} G02 \\ G03 \end{matrix}\right\} X\_\ Z\_ \left\{\begin{matrix} R\_ \\ I\_\ K\_ \end{matrix}\right\} F\_ ;$$

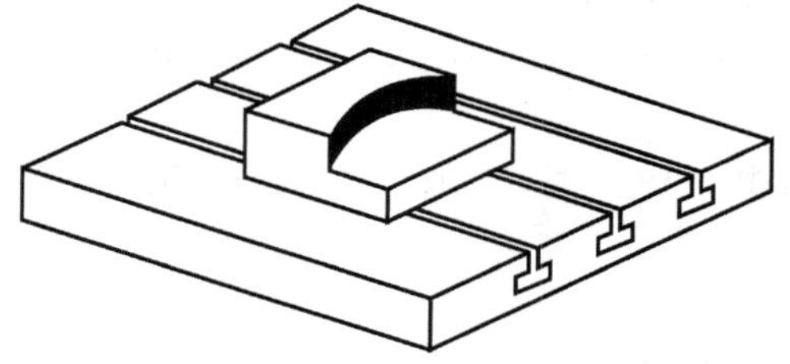

图 3-1-2　*XY* 插补平面

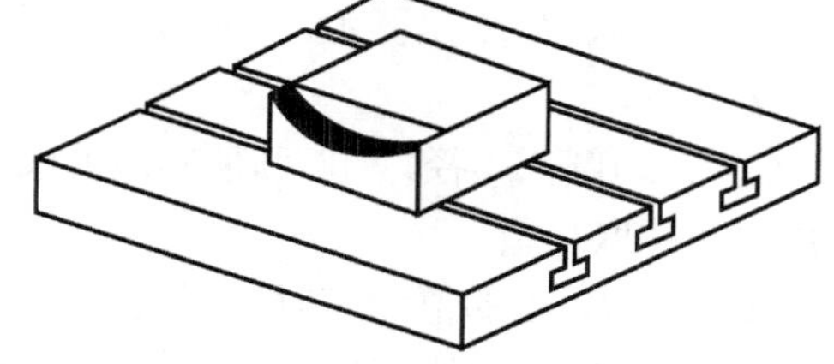

图 3-1-3　*XZ* 插补平面

YZ 平面圆弧插补指令，如图 3-1-4 所示。

$$G19\left\{\begin{matrix} G02 \\ G03 \end{matrix}\right\} Y\_\ Z\_ \left\{\begin{matrix} R\_ \\ J\_\ K\_ \end{matrix}\right\} F\_ ;$$

2．指令说明

指令指定内容及含义见表 3-1-1。

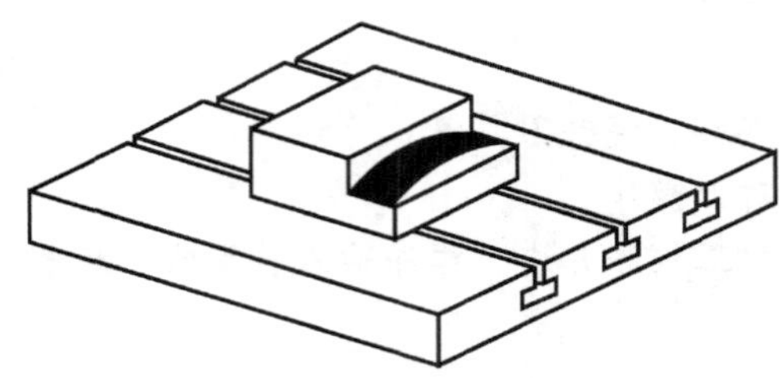

图 3-1-4　YZ 插补平面

表 3-1-1　指令说明

程序字	指定内容	圆弧插补指令各程序字的含义
G02	走刀方向	顺时针圆弧插补
G03		逆时针圆弧插补
X__Y__Z__	终点坐标	圆弧终点的坐标值
I__J__K__	圆心坐标	圆弧起点相对圆弧圆心分别在 X、Y、Z 坐标轴上的增量坐标值
R__	圆弧半径	圆弧半径
F__	进给速度	沿圆弧的进给速度

扫码观看视频

圆弧起点相对圆心在 X、Y 方向上的增量坐标

3. 编程要点

（1）圆弧的顺逆时针方向的判断如图 3-1-5 所示，从与圆弧所在平面垂直的坐标轴的正方向往负方向看去，顺时针方向为 G02，逆时针方向为 G03。

（2）F 规定了沿圆弧切向的进给速度。

（3）X、Y、Z 为圆弧终点坐标值，如果采用增量坐标方式 G91，X、Y、Z 表示圆弧终点相对于圆弧起点在各坐标轴方向上的增量。

（4）I、J、K 表示圆弧圆心相对于圆弧起点在各坐标轴方向上的增量，与 G90 或 G91 的定义无关。

（5）R 是圆弧半径，当圆弧所对应的圆心角为 0°～180° 时，R 取正值；圆心角为 180°～360° 时，R 取负值。

（6）I、J、K 的值为零时可以省略。

（7）在同一程序段中，如果 I、J、K 与 R 同时出现则 R 有效。

（8）整圆加工，只能使用 I、J、K 格式编程。

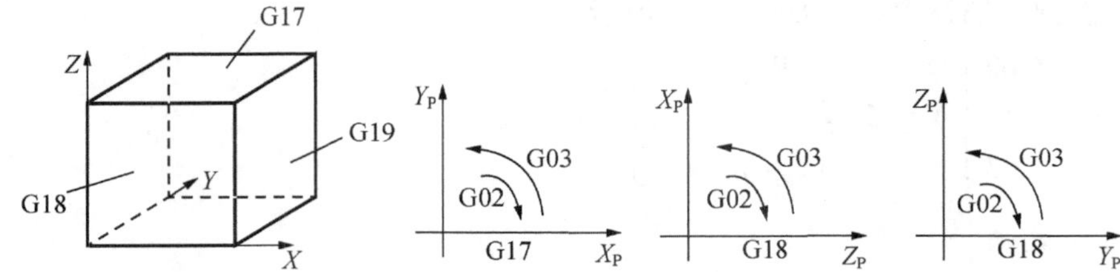

图 3-1-5　顺逆圆弧的区分

【例 1】 使用 G02 对如图 3-1-6 所示圆心角小于 180° 的圆弧 *a* 和大于 180° 的圆弧 *b* 编程。编程代码见表 3-1-2。

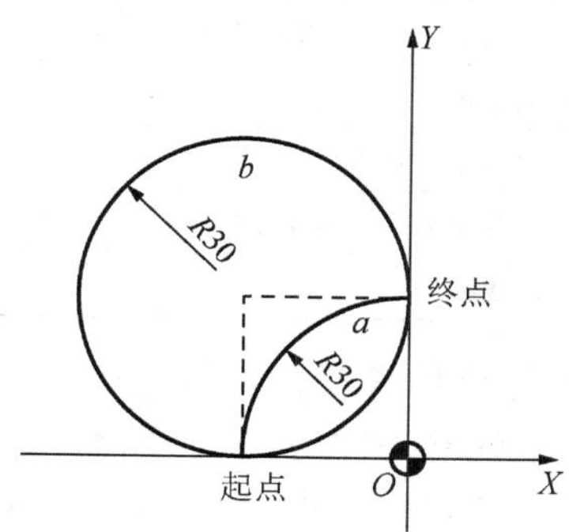

图 3-1-6　圆弧编程

表 3-1-2　例 1 编程代码

圆弧 *a* 编程	圆弧 *b* 编程
G90 G02 X0 Y30 R30 F300	G90 G02 X0 Y30 R-30 F300
G90 G02 X0 Y30 I30 J0 F300	G90 G02 X0 Y30 I0 J30 F300

【例 2】 图 3-1-7 所示，设起刀点在坐标原点 *O*，刀具沿 *A-B-C* 路线切削加工，使用绝对坐标与增量坐标方式编程。编程代码见表 3-1-3。

表 3-1-3　例 2 编程代码

绝对坐标编程	增量坐标编程	说明
G54 G90 G00 X0 Y0 ；	G54 G90 G00 X0　Y0；	设工件坐标系原点
G00 X200 Y40 ；	G91　G00　X200　Y40;；	刀具快速移动至 *A* 点
G03 X140 Y100 I-60（或 R60）F100;	G03 X-60 Y60 I-60（或 R60）F100;	逆时针圆弧插补 *A* 至 *B*
G02 X120 Y60 I-50　（或 R50）;	G02　X-20 Y-40 I-50（或 R50）;	顺时针圆弧插补 *B* 至 *C*

【例 3】 图 3-1-8 所示，起刀点在坐标原点 *O*，从 *O* 点快速移动至 *A* 点，逆时针加工整圆，使用绝对坐标与增量坐标方式编程。编程代码见表 3-1-4。

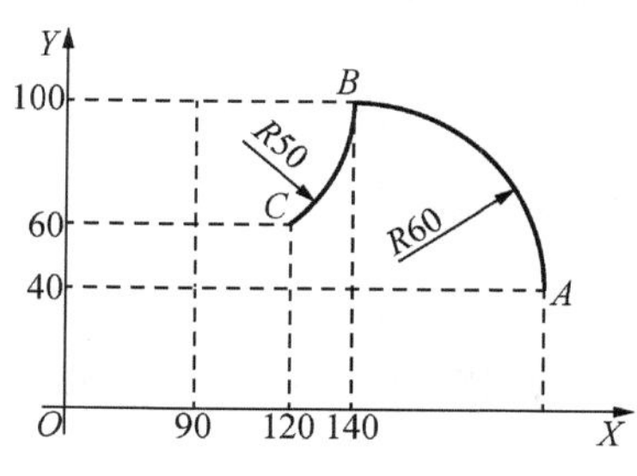

图 3-1-7　圆弧插补

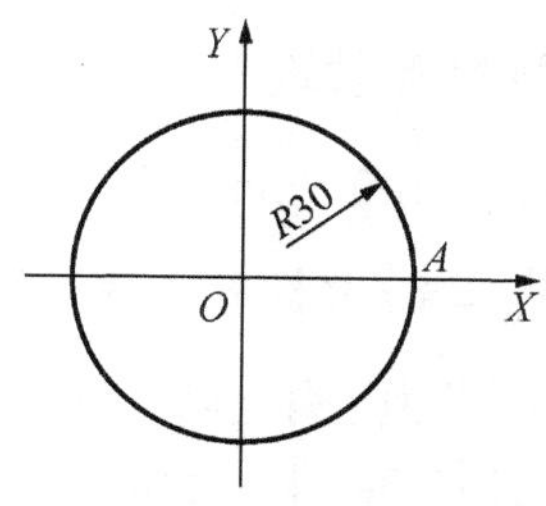

图 3-1-8　整圆编程

表 3-1-4　例 3 编程代码

绝对坐标编程	增量坐标编程	说明
G54 G90 G00　X0　Y0；	G54 G90 G00 X0 Y0；	设工件坐标系原点
G90　G00　X30　Y0；	G91 G00 X30 Y0；	刀具快速移动至 *A* 点
G03 X30 Y0 I-30 J0 F100；	G03 X30 Y0 I-30 J0 F100；	逆时针圆弧插补
G00　X0　Y0；	G00 X-30 Y0 ；	刀具快速移动至原点

想一想：为什么整圆编程时不能用 *R* 格式编程？

答案：整圆加工使用圆弧插补指令 G02/G03。圆弧插补指令 G02/G03 有两种编程方法：*R* 格式编程或 *I*、*J*、*K* 格式编程。*R* 格式编程的格式：G02/G03 X__Y__R__F__；

如果使用这种编程方式加工整圆，可加工无数多个整圆（只要是 *R* 相同的整圆，都满足程序要求的条件），但无法确定是哪一个整圆。如使用 *I*、*J*、*K* 格式编程，可以确定唯一的一个整圆。

任务实施

加工如图 3-1-1 所示零件，运用所学的编程指令，直接按图形编写加工程序。

步骤一　制定加工工艺

1. 零件图工艺分析

该零件为板类零件，外形为矩形；所用材料为钢，材料硬度适中，宜选择数控铣床加工。

2. 确定零件的装夹方式

由于该零件结构及其所对应的毛坯结构均为矩形，宜用平口钳装夹。

3. 确定走刀路线

按 *P*1、*P*2、*P*3、*P*4，*P*5、*P*6、*P*7，*P*8、*P*9，*P*10、*P*11 路线铣削。

4. 刀具的选择

选用ϕ3 mm 高速钢立铣刀，一次切深 0.5 mm。

5. 切削用量的选择

转速 *S* 为 1500 r/min，进给量 *F* 为 150 mm/min，背吃刀量 0.5 mm。

6. 确定工件坐标系和对刀点

在 *XOY* 平面内确定以工件中心为程序原点，*Z* 方向以工件上表面为程序原点，建立工件坐标系，如图 3-1-1 所示。

7. 填写数控加工工序卡片

填写示例见图 3-1-9。

<table>
<tr><td rowspan="2">工厂</td><td rowspan="2"></td><td colspan="2" rowspan="2">产品名称或代号</td><td colspan="2">零件名称</td><td colspan="2">材料</td><td>零件图号</td></tr>
<tr><td colspan="2">平面图形</td><td colspan="2">45#</td><td>××</td></tr>
<tr><td>工序号</td><td>程序编号</td><td colspan="2">夹具编号</td><td colspan="4">使用设备</td><td>车间</td></tr>
<tr><td>××</td><td>×××</td><td colspan="2">×××</td><td colspan="4">×××××</td><td>××</td></tr>
<tr><td>工步号</td><td>工步内容</td><td>夹具</td><td>刀具号</td><td>刀具规格/mm</td><td>主轴转速/（r/min）</td><td>进给速度/（mm/min）</td><td>背吃刀量/mm</td><td>备注</td></tr>
<tr><td>1</td><td>铣槽</td><td>虎钳</td><td>T01</td><td>ϕ3 高速钢铣刀</td><td>1500</td><td>150</td><td>0.5</td><td></td></tr>
<tr><td>编制</td><td>×××</td><td>审核</td><td>×××</td><td>批准</td><td>×××</td><td>×年×月×日</td><td>共 1 页</td><td></td></tr>
</table>

图 3-1-9　数控加工工序卡示例 3-1

步骤二　加工程序

编写加工程序可参考表 3-1-5。

表 3-1-5　加工程序代码及说明

FANUC 系统	程序说明
O0003；	程序名
N010 G17 G54 G90；	*XY* 加工平面，定 G54 为工件坐标系
N020 M03 S1500 G94 ；	启动主轴 1500 r/min
N025 G00 Z80.0；	绝对坐标编程，刀具至安全点
N030 X-28　Y-10.87；	快速移动刀具至 *P*1 点上方
N040 Z10；	刀具靠近 *P*1 点
N050 G01 Z-0.5　F150；	切深 0.5 mm
N060 G02 X-20 Y13.5 R13.5；	切削圆弧 *P*1，*P*2
N070 G01 X-20 Y-13.5 ；	切削直线 *P*2—*P*3
N080 G03 X-12 Y10.87 R13.5；	切削圆弧 *P*3，*P*4
N090 G01 Z10 ；	抬刀
N100 G01 X30.87 Y8；	刀具移动至 *P*5 点
N110 G01 Z-0.5 ；	切深 0.5 mm
N120 G03 X34 Y0 R-13.5；	切削圆弧 *P*5，*P*6
N130 G01 X13.5；	切削直线 *P*6—*P*7
N140 Z10；	抬刀
N150 X-7.46　Y5；	刀具移动至 *P*8
N160 Z-0.5；	切深 0.5 mm
N170 X7.46 ；	切削直线 *P*8—*P*9
N180 Z10；	抬刀
N190 X-7.46 Y-5 ；	刀具移动至 *P*10 点
N200 Z-0.5；	切深 0.5 mm

续表

FANUC 系统	程序说明
N210 X7.46；	切削直线 $P10—P11$
N220 G01 Z10；	抬刀
N230 G00 Z80；	快速抬刀
N240 G00 X0 Y0；	刀具回到工件坐标系原点
N250 M05；	主轴停
N260 M30；	结束程序并返回到程序起点

扫码观看视频

平面图形加工仿真

步骤三　工件加工

将程序输入机床数控系统，检验无误后加工合格的零件。

步骤四　检测与评价

检测与评价表

班级		姓名		学号		
课题		平面图形加工		零件编号		图 3-1-1
	序号	检测内容	配分	学生自评	教师评价	问题及改进
编程	1	加工工艺制定正确	10			
	2	切削用量合理	5			
	3	程序正确、简洁、规范	10			
	4	设备操作、维护保养正确	5			
操作	5	安全、文明生产	10			
	6	刀具选择、安装正确、规范	5			
	7	工件找正及安装合理、规范	5			
工作态度	8	行为规范、纪律表现	10			
零件完成	9	图形完整性	20			
粗糙度	10	所有加工表面	10			
加工时间	11	在规定时间完成（30min）	10			
综合得分						

想一想： 由于任何铣刀都是有一定直径尺寸的，若按零件图直接编程，加工后零件的轮廓尺寸能保证吗？为什么？有什么好的解决方法吗？

任务二　凸台（一）零件加工

零件名称：凸台类零件（一）（图样见图 3-2-1）
材料：45#
毛坯尺寸：100 mm×100 mm×30 mm

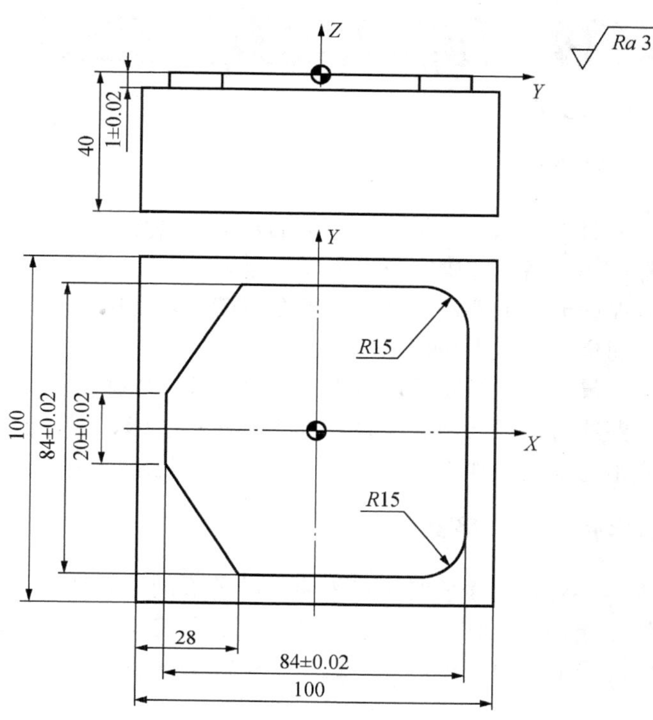

图 3-2-1　凸台零件图样（一）

任务内容

（1）编制凸台加工工艺方案。
（2）编制凸台零件加工程序。
（3）用数控铣床进行凸台零件外轮廓铣削加工。

知识目标

（1）掌握刀具半径补偿指令 G41、G42、G40 的应用。
（2）掌握凸台零件外轮廓加工程序编程方法。
（3）学会灵活运用刀具半径补偿功能。

技能目标

（1）能够正确选用刀具和夹具。
（2）能够熟练完成对刀操作。
（3）掌握外轮廓零件的加工操作过程。
（4）掌握数控铣床的基本操作。

评价方法

观察法，根据检测评价表评价学生过程成绩。

知识准备

一、铣削外轮廓零件的加工路线

1. 加工路线的确定原则

在数控加工中，刀具刀位点相对于工件运动的轨迹称为加工路线。确定加工路线是编写程序前的重要步骤，加工路线的确定应遵循以下原则。

（1）加工路线应保证被加工零件的精度和表面粗糙度，且保证较高效率。

（2）使数值计算简单，以减少编程工作量。

（3）应使加工路线最短，这样既可以减少程序段，又可以减少空刀时间。

此外，确定加工路线时，还要考虑工件的加工余量和机床、刀具的刚度等情况，确定是一次走刀还是多次走刀来完成加工，以及在铣削加工中是采用顺铣还是逆铣等。

2. 铣削外轮廓零件的加工路线

立铣刀侧刃铣削零件外轮廓表面时不可沿零件外轮廓的法向切入或切出，应沿着外轮廓曲线的切向延长线或相切圆弧切入或切出，这样可避免刀具在切入或切出时产生的刀刃切痕，保证零件曲面的平滑过渡，如图 3-2-2 和图 3-2-3 所示。

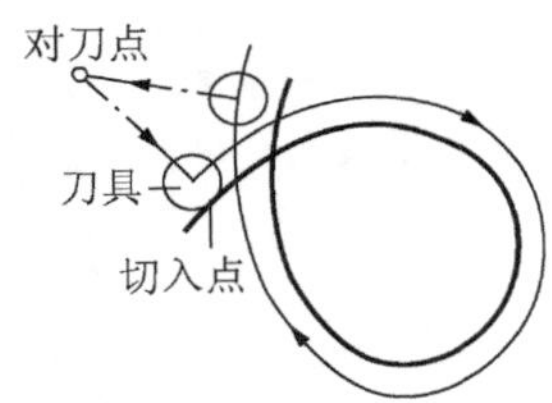

图 3-2-2　刀具切入切出时的外延

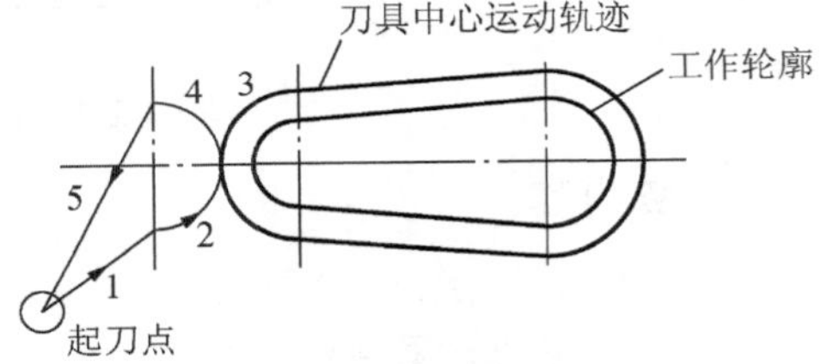

图 3-2-3　刀具圆弧切入切出

3. 铣削外整圆时的走刀路线

用圆弧插补方式铣削外整圆时，要安排刀具从切向进入圆周铣削加工，当整圆加工完毕后，不要在切点处直接退刀，而让刀具多运动一段距离，最好沿切线方向，以免取消刀具补偿时，刀具与工件表面相碰撞，造成工件报废，如图 3-2-4 所示。

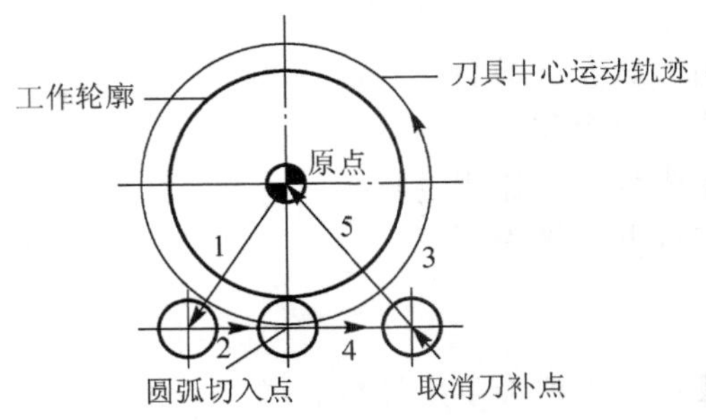

图 3-2-4　外整圆走刀路线

二、刀具半径补偿的概念

1. 数控铣床常用刀具的刀位点

在数控编程过程中，为了编程人员编程方便，通常将数控刀具假想成一个点，该点称为刀位点或刀尖点。刀位点是指加工和编程时，用于表示刀具特征的点，也是对刀和加工的基准点。车刀和镗刀的刀位点，通常是指刀具的刀尖；钻头的刀位点通常是指钻尖；立铣刀、端铣刀的刀位点指刀具底面的中心点；而球头铣刀的刀位点是指球头的球心点。数控铣床常用刀具的刀位点如图 3-2-5 所示。

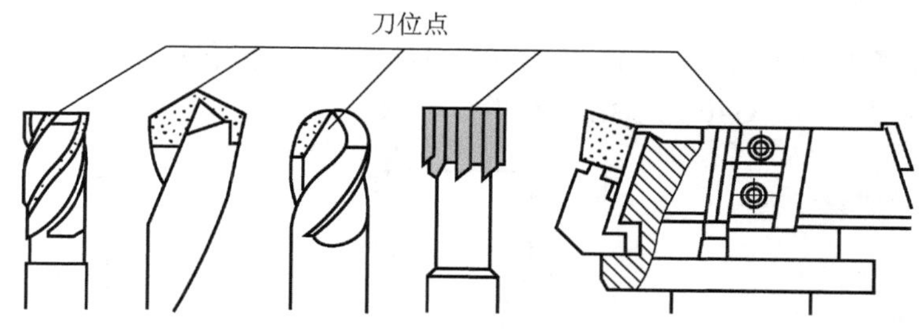

图 3-2-5　常用铣刀刀位点

2. 刀具半径补偿功能的概念

在数控编程过程中，为了编程方便，通常将数控刀具假想成一点（即刀位点），一般不考虑刀具的半径，而只考虑刀位点与编程轨迹重合。但数控铣床在实际加工过程中是通过控制刀具中心轨迹来实现切削加工任务的。

但在铣削二维轮廓时，由于刀具存在一定的半径，使刀具中心轨迹与零件轮廓不重合，如图 3-2-6 所示。

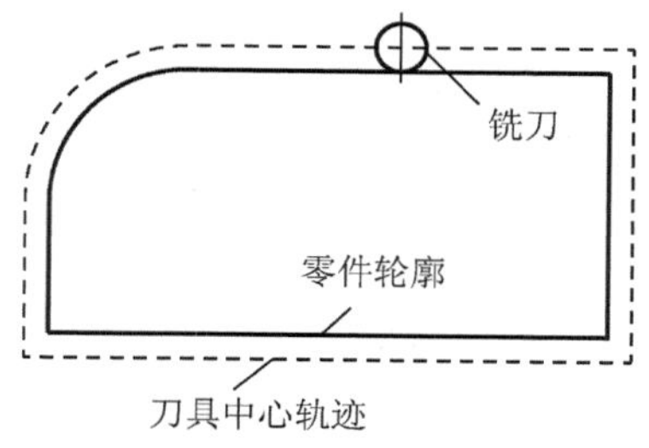

图 3-2-6　刀具半径补偿功能

刀具半径补偿功能

若编程时不考虑刀具半径，直接按轮廓线进行编程，刀具中心（刀位点）行走轨迹将和图样上的零件轮廓轨迹重合，从而造成过切或少切现象。为了确保铣削加工出的轮廓符合要求，编程员必须依据图样尺寸要求结合刀具半径计算出新的节点坐标，再根据这些坐标值进行编程，如图 3-2-7 所示。

为了避免这种复杂的数值计算，可以采用刀具半径补偿功能来解决这一问题，所谓刀具半径补偿功能是在编制轮廓切削加工程序的场合，一般以工件的轮廓尺寸作为刀具轨迹进行编程，而实际的刀具运动轨迹则与工件轮廓有偏移量（即刀具半径）的编程功能，如图 3-2-8 所示。

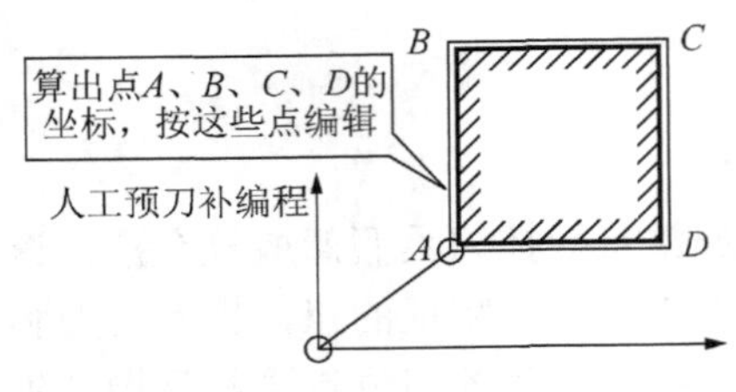

图 3-2-7　人工计算节点编程

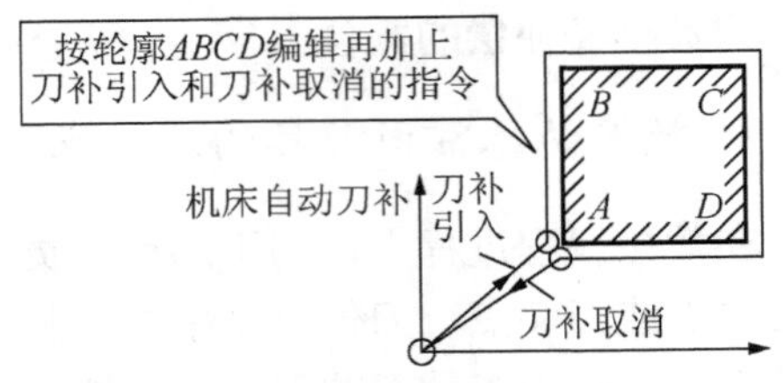

图 3-2-8　机床自动刀补过程

三、刀具半径补偿指令

刀具半径补偿指令有 G41、G42 及 G40，G41 为刀具半径左补偿，G42 为刀具半径右补偿（如图 3-2-9 所示），G40 为取消刀具半径补偿。

扫码观看视频

刀具半径补偿指令

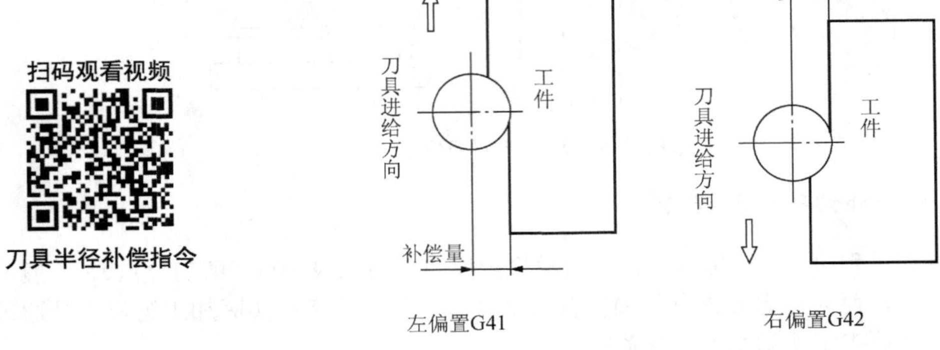

图 3-2-9　刀具半径补偿指令

1. 指令格式

1）建立刀具半径补偿指令

```
G17 G41/G42 G00/G01 X   Y   D  ;
G18 G41/G42 G00/G01 X  Z   D  ;
G19 G41/G42 G00/G01 Y   Z  D   ;
```

2）取消刀具半径补偿指令

```
G17 G40G00/G01 X__Y__;
G18 G40G00/G01 X__Z__;
G19 G40G00/G01 Y__Z__;
```

2. 指令说明

（1）在进行刀具半径补偿前，必须用 G17 或 G18、G19 指令指定刀具半径补偿是在哪个平面上进行。平面选择的切换必须在半径补偿取消的方式下进行，否则将产生报警。

（2）刀具半径补偿指令程序就是在原 G00 或 G01 移动指令的格式上加了 G41 或 G42、G40 以及 D__的指令代码。D 为刀具半径补偿寄存器的地址字，在补偿寄存器中存有刀具半径补偿值。刀具半径补偿值有 D00～D99 共 100 个地址号可用。其中，D00 已为系统留作取

消刀径半径补偿专用。补偿值可在 MDI 方式下键入（G02/G03 不可以建立和取消刀补）。

（3）*X*、*Y*、*Z* 坐标值按 G00 及 G01 的格式编程，与不考虑刀补时一样编程计算。

（4）无刀具半径补偿指令时刀具中心是走在工件轮廓线上；有刀径半径补偿指令时刀具中心是走在工件轮廓线的一侧，刀具刃口走在工件轮廓线上。

（5）刀具半径补偿位置的左右应是顺着编程轨迹前进的方向进行判断的。顺着刀具运动方向看，刀具中心走在编程轨迹前进方向的左侧时，称为刀具半径左补偿，用 G41 表示；刀具中心走在编程轨迹前进方向的右侧时，称为刀具半径右补偿，用 G42 表示，如图 3-2-10 所示。

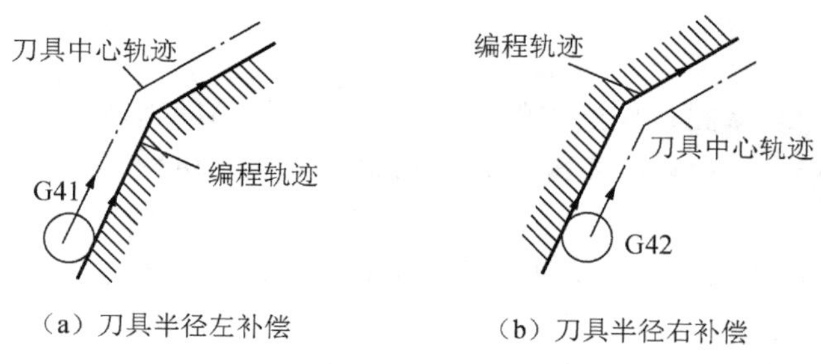

图 3-2-10　刀具左右补偿的判定

（6）实际编程时，应根据是加工外形还是加工内孔以及整个切削走向等来确定刀具半径补偿。当将刀具半径设置为负值时，G41 和 G42 的执行效果将互相替代。

（7）在刀具补偿模式下，一般不允许存在连续两段以上的非补偿平面内移动指令，否则刀具也会出现过切等危险动作。

非补偿平面移动指令通常指只有 G、M、S、F、T 代码的程序段（如 G90、M05 等）；程序暂停程序段（如 G04X10.0 等）；G17（G18、G19）平面内的 Z（Y、X）轴移动指令等。

3. 刀具半径补偿的过程

刀具半径补偿过程如图 3-2-11 所示，共分 3 个步骤，即刀补的建立、刀补的进行和刀补的取消，程序如下。

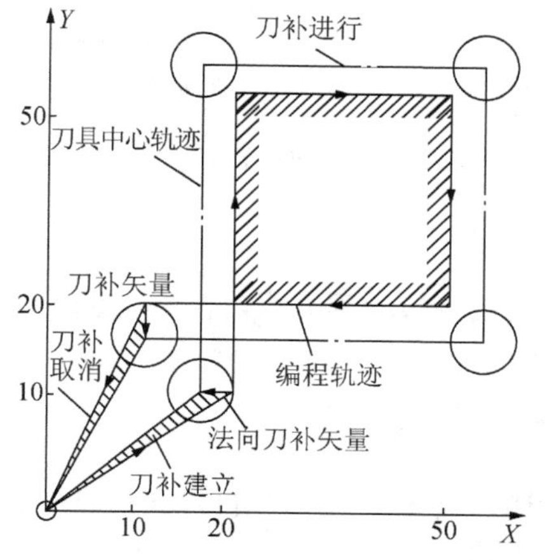

图 3-2-11　刀具建立、进行及取消过程

刀具半径补偿过程

```
O1234;
……;
N10 G41 G01 X20.0 Y10.0 D01 F100;        刀补建立
N20 Y50.0;
N30 X50.0;                               刀补进行
N40 Y20.0;
N50 X10.0;
N50 G40 G00 X0 Y0;                       刀补取消
……
```

1）刀补建立

刀补建立是指刀具从起点接近工件时，刀具中心从与编程轨迹重合过渡到编程轨迹偏离一个偏置量的过程。该过程的实现必须有 G00 或 G01 功能才有效。

2）刀补进行

在 G41 或 G42 程序段后，程序进入补偿模式，此时刀具中心与编程轨迹始终相距一个偏置量，直到刀补取消。

在补偿模式下，数控系统要预读两段程序，找出当前程序段刀位点轨迹与下程序段刀位点轨迹的交点，以确保机床把下一个工件轮廓向外补偿一个偏置量。

3）刀补取消

刀具离开工件，刀具中心轨迹过渡到与编程轨迹重合的过程。

刀补取消用 G01 或 G00 来执行。要特别注意的是，G40 与 G41 或 G42 成对使用。

注意： 刀具补偿的设置。在切入工件前应已完成刀具半径补偿，若在切入工件时进行刀具补偿，会产生过切现象（如图 3-2-12 所示）。为此，应在切入工件前的切向延长线上另找一点，作为完成刀具半径补偿点。同理，在刀具离开工件后才能取消刀补。

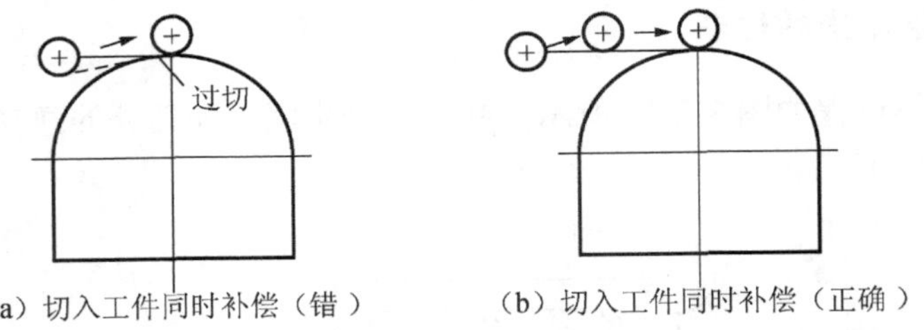

图 3-2-12　刀具补偿的设置

四、刀具半径补偿的应用

刀具半径补偿功能除了使编程人员直接按轮廓编程，简化了编程工作外，在实际加工中还有许多其他方面的应用。

1. 采用同一段程序，对零件进行粗、精加工

使用同一段程序，同一把刀具，通过设置不同大小的刀具半径值而逐渐减少切削余量的方法达到粗、精加工的目的。也可以通过改变刀具半径补偿值，使用同一段程序，同一把刀切削工件表面多余材料，如图 3-2-13 所示。

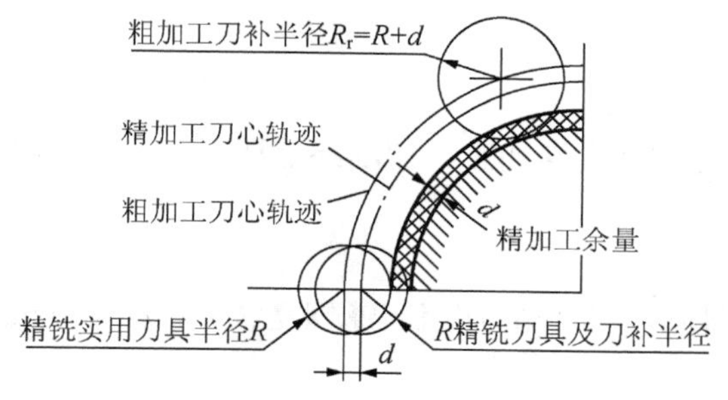

图 3-2-13　刀具半径补偿的实质

扫码观看视频

刀具半径补偿实例

2. 弥补铣刀制造或使用后尺寸精度误差

通过改变刀具半径补偿量的方法来弥补铣刀制造的尺寸精度误差，扩大刀具直径选用范围及刀具返修刃磨的允许误差。

3. 采用同一程序来加工同一公称直径的凹、凸型面

图 3-2-14 所示，对于同一公径的凹、凸型面，内外轮廓编写成同一程序，在加工外轮廓时，将偏置值设为“+D”，刀具中心将沿轮廓的外侧切削；当加工内轮廓时，将偏置值设为“-D”，这时刀具中心将沿轮廓的内侧切削。这种编程与加工方法，在模具加工中运用比较多采用刀具半径补偿加工同尺寸凹、凸轮廓。

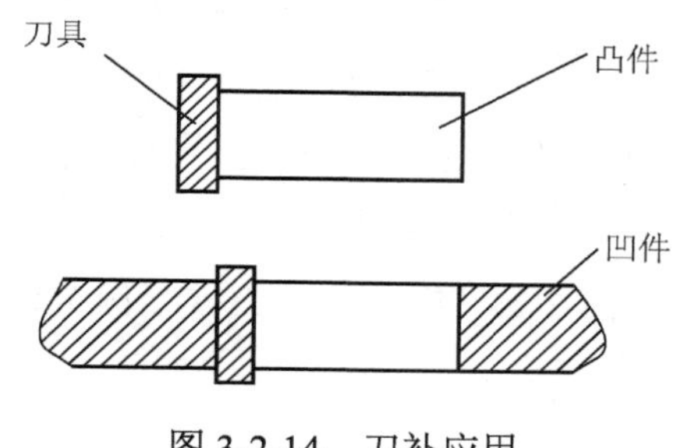

图 3-2-14　刀补应用

任务实施

步骤一　制定加工工艺

1. 零件图工艺分析

该零件为轮廓类零件，外形为矩形；由零件图可看出，该零件有尺寸精度要求；所用材料为 45#，材料硬度适中，便于加工；宜选择普通数控铣床加工。

2. 确定零件的装夹方式

由于该零件结构及其所对应的毛坯结构均为矩形，宜用平口钳装夹。

3. 确定加工顺序

加工顺序为粗、精铣外轮廓。

4. 确定走刀路线

切削起点选（X-18，Y-42），逆时针方向加工，切削终点选（X-14，Y-42）。

5. 刀具的选择

由于零件材料为45[#]，可加工性能较好，宜选用高速钢立铣刀，如ϕ10 mm的三齿立铣刀精加工外轮廓。

6. 切削用量的选择

精加工外轮廓时，F=150 mm/min，a_p=0.5 mm，n=1000 r/min。

7. 填写数控加工工序卡片

填写示例见图3-2-15。

工厂		产品名称或代号		零件名称		材料		零件图号
				外轮廓图形		45[#]		××
工序号	程序编号	夹具编号		使用设备				车间
××	×××	×××		×××××				××
工步号	工步内容	夹具	刀具号	刀具规格/mm	主轴转速/（r/min）	进给速度/（mm/min）	背吃刀量/mm	备注
1	精加工外轮廓	虎钳	T01	ϕ10立铣刀	1000	150	0.5	
编制	×××	审核	×××	批准	×××	×年×月×日	共1页	第1页

图3-2-15　数控加工工序卡示例3-2

步骤二　编写加工程序

编号加工程序参考表3-2-1。

表3-2-1　凸台（一）加工程序

FANUC系统	程序说明
O2201；	程序名
N10 G54 G17 G90 G00 Z100；	采用G54坐标系，选择半径补偿平面
N20 G00 X-70 Y-70；	刀具补偿
N30 M03 S1000；	主轴正转，转速为1000r/min
N40 G00 Z-1；	下刀至Z-1
N50 G42 G01 X-28 Y-42 D01 F150；	建立刀具半径左补偿，由D01指定刀补值取
N60 G01 X27.0；	直线插补至（X27,Y-42）
N70 G03 X42 Y-27 R15；	逆时针圆弧插补加工R15
N80 G01 Y27.0；	直线插补至（X42,Y27）

续表

FANUC 系统	程序说明
N90 G03 X27 Y42 R15；	逆时针圆弧插补加工 *R*15
N100 G01 X-22；	直线插补至（*X*22,*Y*42）
N110 G01 X-42 Y10；	直线插补至（*X*-42,*Y*10）
N120 G01 Y-10；	直线插补至（*X*-42,*Y*-10）
N130 G01 X-22 Y-42	直线插补至（*X*-22,*Y*-42）
N140 G40 G00 X-70 Y-70；	消刀具补偿
N140 M05	主轴停转
N150 M30；	程序结束

步骤三　工件加工

扫码观看视频

凸台（一）仿真加工

将程序输入机床数控系统，检验无误后加工合格的零件。

步骤四　检测与评价

检测与评价表

班级		姓名		学号		
课题		凸台加工		零件编号		图 3-2-1
	序号	检测内容	配分	学生自评	教师评价	问题及改进
编程	1	加工工艺制定正确	10			
	2	切削用量合理	5			
	3	程序正确、简洁、规范	10			
	4	设备操作、维护保养正确	5			
操作	5	安全、文明生产	10			
	6	刀具选择、安装正确、规范	5			
	7	工件找正、安装正确、规范	5			
工作态度	8	行为规范、纪律表现	10			
尺寸检测	9	*R*15（2 处）	8			
	10	84 ± 0.04 mm	4			
	11	1±0.05 mm	4			
	12	20±0.02 mm	4			
粗糙度	13	所有加工表面	10			
加工时间	14	在规定时间完成（90 min）	10			
综合得分						

任务三 凸台（二）零件加工

零件名称：凸台类零件（二）（图样见图 3-3-1）
材料：45[#]
毛坯尺寸：100 mm×100 mm×30 mm

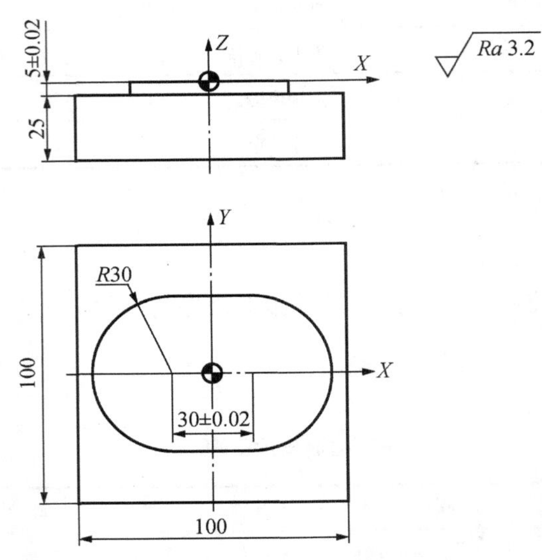

图 3-3-1 凸台零件图样（二）

任务内容

（1）编制凸台类外轮廓零件加工工艺方案。
（2）编制凸台类外轮廓零件加工程序。
（3）用数控铣床进行凸台类外轮廓零件铣削加工。

知识目标

（1）合理制定凸台类外轮廓零件的加工工艺。
（2）掌握凸台类外轮廓零件加工程序的编程方法。
（3）熟练掌握刀具半径补偿的使用方法、子程序的编制方法。

技能目标

（1）了解立铣刀的应用范围，合理选择凸台类零件加工刀具和夹具。
（2）能够熟练完成对刀操作。
（3）掌握外轮廓零件的加工操作过程。

评价方法

观察法，根据检测评价表评价学生过程成绩。

知识准备

一、立铣刀基本几何形状

立铣刀：圆周面及底部带有切削刃的柄式铣刀（图 3-3-2）。立铣刀的主切削刃在圆柱面上，端面上的切削刃是副刀刃。

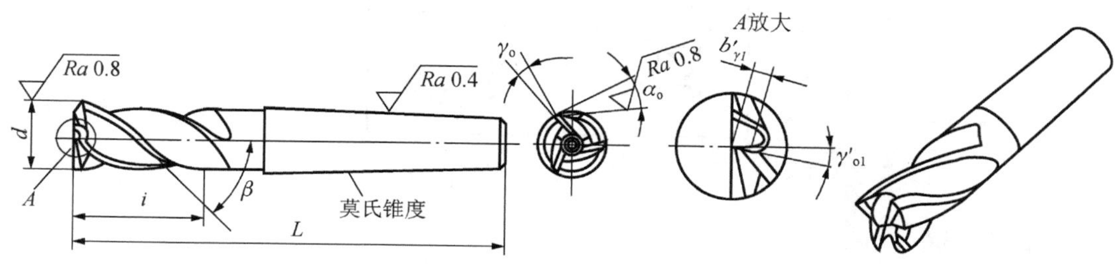

图 3-3-2　立铣刀

1. 切削刃的形状

切削的形状如图 3-3-3 所示。

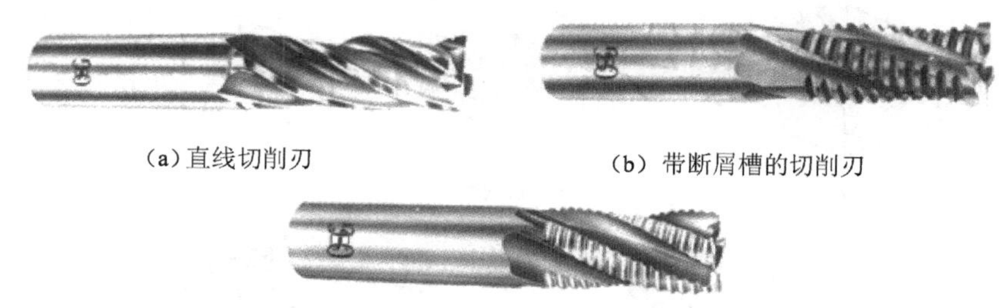

（a）直线切削刃

（b）带断屑槽的切削刃

（c）波纹状切削刃

图 3-3-3　切削刃形状

2. 底刃的形状

底刃的形状如图 3-3-4 所示。

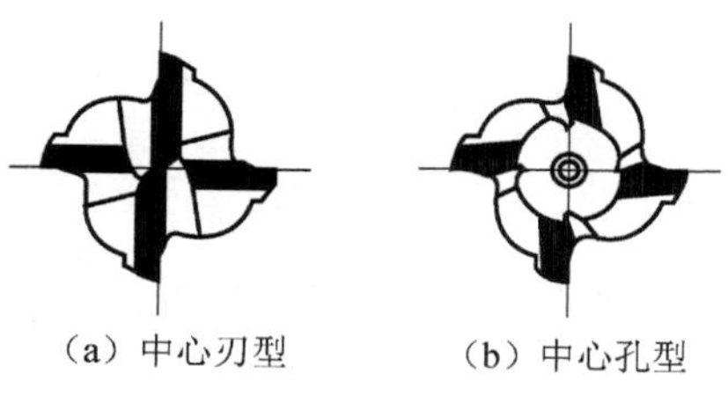

（a）中心刃型　（b）中心孔型

图 3-3-4　底刃的形状

3. 刀刃数容屑槽形状

容屑槽形状如图 3-3-5 所示。刃少，容屑槽大则切屑排出性好。刃多刚性好则不易折断、挠曲也小。

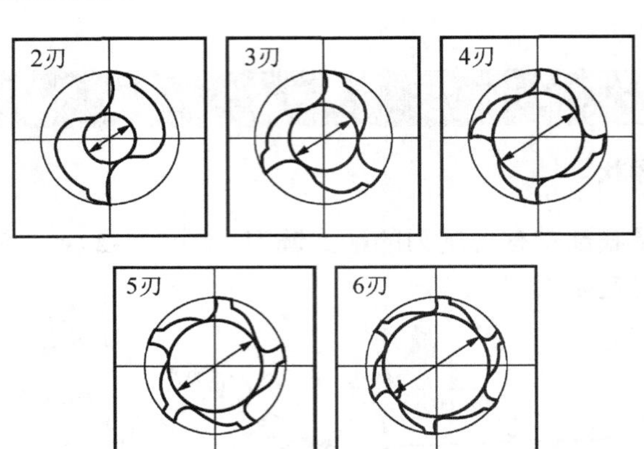

图 3-3-5　容屑槽形状

二、立铣刀用途

立铣刀用于加工沟槽和台阶面等，刀齿在圆周和端面上，工作时不能沿着铣刀的轴向做进给运动，当立铣刀上有通过中心的端齿时可轴向进给。立铣刀的应用如图 3-3-6 所示。

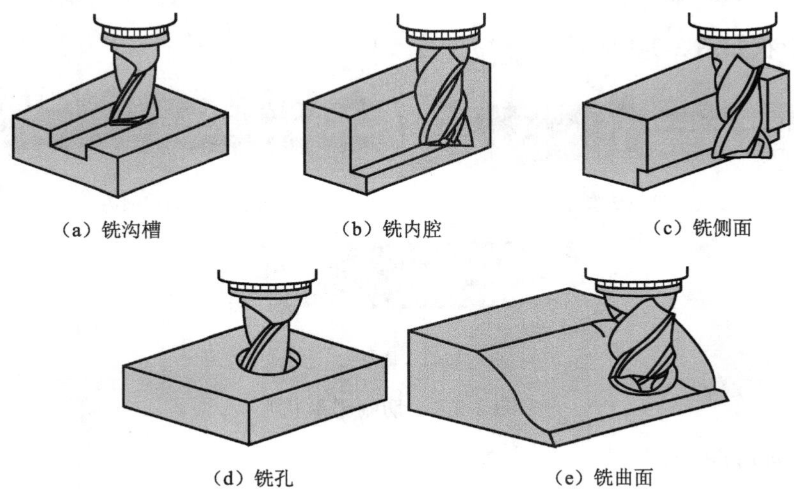

（a）铣沟槽　（b）铣内腔　（c）铣侧面

（d）铣孔　（e）铣曲面

图 3-3-6　立铣刀的应用

三、顺铣和逆铣

1. 周边铣削的方式

周边铣削时有顺铣和逆铣 2 种方式，如图 3-3-7 所示。

1）顺铣

在铣刀与工件已加工表面的切点处，铣刀旋转切削刃的运动方向与工件进给方向相同。当铣刀切削刃作用在工件上的力 F，在进给方向的铣削分力 F_f，与工件的进给方向相同时的铣削方式称为顺铣。

当工件表面无硬皮，机床进给机构无间隙时，应选用顺铣，按照顺铣安排进给路线。因为采用顺铣加工后，零件已加工表面质量好，刀齿磨损小。精铣时，应尽量采用顺铣。

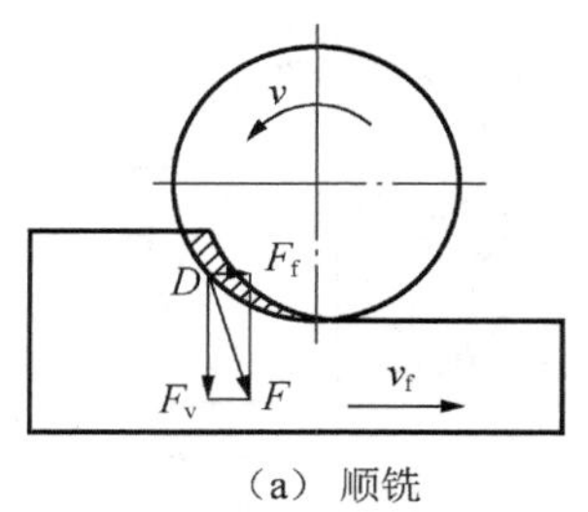

（a） 顺铣

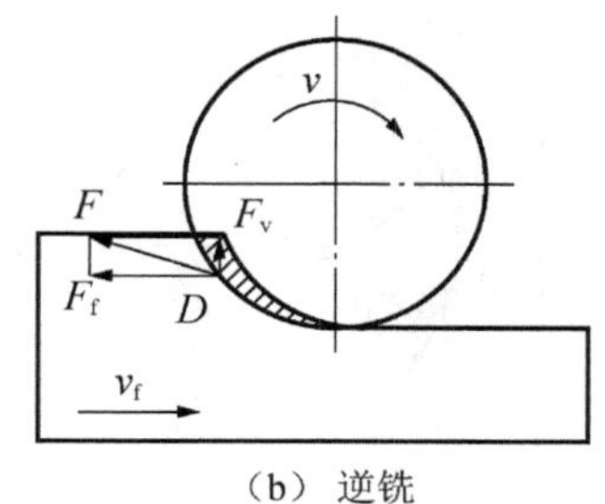

（b） 逆铣

图 3-3-7　顺铣与逆铣

2）逆铣

在铣刀与工件已加工表面的切点处，铣刀旋转切削刃的运动方向与工件进给方向相反。当铣刀切削刃作用在工件上的力 F，在进给方向的铣削分力 F_f，与工件的进给方向相反时的铣削方式称为逆铣。

当工件表面有硬皮，机床的进给机构有间隙时，应选用逆铣，按照逆铣安排进给路线。因为逆铣时，刀齿是从已加工表面切入，不会崩刀；机床进给机构的间隙不会引起振动和爬行。

2. 端面铣削时的顺铣和逆铣

端面铣削时，根据铣刀与工件之间相对位置的不同，分为对称铣削和非对称铣削 2 种。

1）对称铣削

工件处在铣刀中间时的铣削称为对称铣削（如图 3-3-8 所示）。铣削，刀齿在工件的前半部分为逆铣，在进给方向的铣削分力 F_f 与进给方向相反；刀齿在工件的后半部分为顺铣，F_f 与进给方向相同。

对称铣削时，在铣削层宽度较窄和铣刀齿数少的情况下，由于 F_f 在方向上的交替变化，故工件和工作台容易产生窜动。另外，在横向的水平分力 F_c 较大，对窄长的工件易造成变形和弯曲。所以，对称铣削只有在工件接近铣刀直径时才采用。

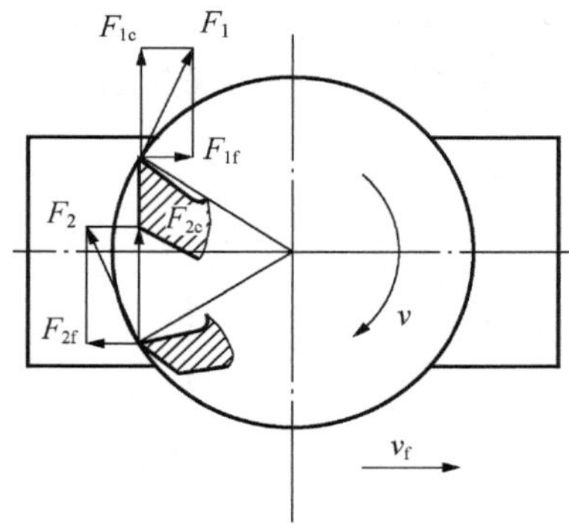

图 3-3-8　对称铣削

2）非对称铣削

工件的铣削宽度偏在铣刀的一边时的铣削称为非对称铣削（如图 3-3-9 所示），即铣刀中心与铣削层宽度的对称线处在偏心状态下的铣削，非对称铣削时有顺铣和逆铣 2 种。

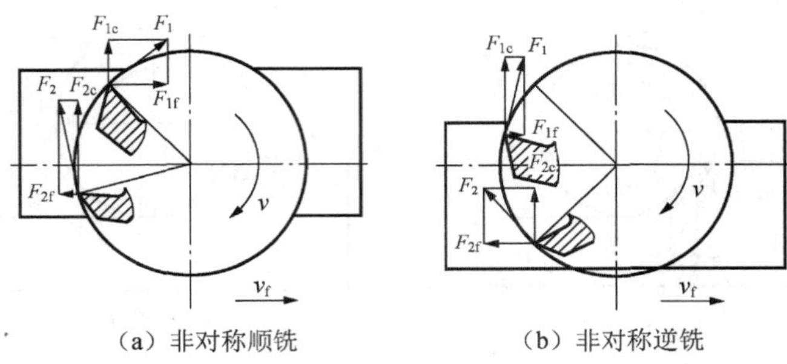

（a）非对称顺铣　　（b）非对称逆铣

图 3-3-9　非对称铣削

（1）非对称顺铣是指顺铣部分（切出边的宽度）所占的比例较大的端面铣削。与周边铣削的顺铣一样，非对称顺铣也容易拉动工作台，因此很少采用非对称顺铣。只是在铣削塑性和韧性好、加工硬化严重的材料（如不锈铜、耐热合金等）时，采用非对称顺铣，以减少切屑黏附和提高刀具寿命。此时，必须调整好铣床工作台的丝杠螺母副的传动间隙。

（2）非对称逆铣是指逆铣部分（切入边的宽度）所占的比例较大的端面铣削。采用非对称逆铣，铣刀对工件的作用力在进给方向上的两个分力的合力，作用在工作台丝杠及螺母的结合面上，也不会拉动工作台。此时铣刀切削刃切出工件时，切屑由薄到厚，因而冲击小，振动较小，切削平稳，在端面铣削时得到普遍应用。

四、子程序

1. 子程序的概念

机床的加工程序可以分主程序和子程序 2 种。

所谓主程序是一个完整的零件加工程序，或是零件加工程序的主体部分，它和被加工零件或加工要求一一对应，不同的零件或不同的加工要求，都只有唯一的主程序。

在程序中含有某些固定顺序或重复出现的程序区段时，把这些固定顺序或重复区段的程序作为子程序单独存放，通过在主程序内应用调用指令调用子程序。为进一步简化程序，在子程序中还可以再去调用另外的子程序，如图 3-3-10 所示。子程序通常不可以作为独立的加工程序使用，它只能通过调用实现加工中的局部动作，程序执行结束后，能自动返回到调用的程序中。

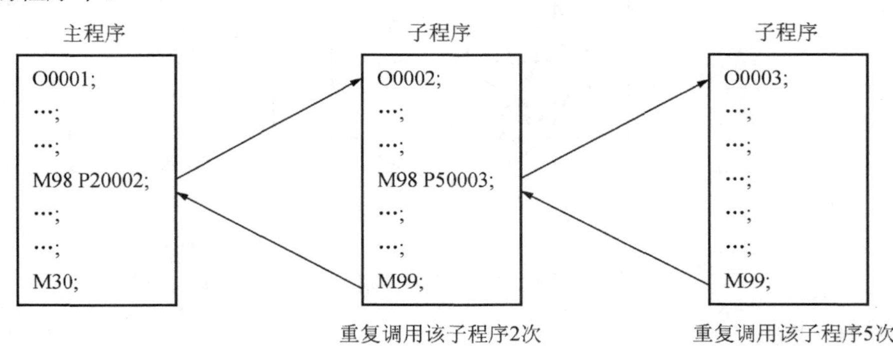

图 3-3-10　子程序执行过程

2. 子程序的格式

```
O××××;            \\子程序号
……;
……;
M99;              \\子程序结束，执行 M99 返回到主程序
```

3. 调用子程序的格式

在 FANUC 系统中，子程序的调用可通过辅助功能代码 M98 指令进行，且在调用格式中将子程序的程序号地址改为 P，其常用的子程序调用格式有 2 种。

格式一：M98 P ××× ××××；

格式一中 P 后的后 4 位数字是被调用子程序的程序号，前 3 位是调用的重复次数（调用次数为一次时省略不写）。如“M98 P50003；”表示调用 0003 号子程序 5 次。

格式二：M98 P ×××× L ×××；

格式二中P后的4位数字为子程序号，L后的4位数字为重复调用次数，如“M98 P1005 L3；”表示调用 1005 号子程序 3 次。

4. 子程序的应用

（1）实现零件的分层切削。当零件在某个方向上的总切削深度比较大时，可通过调用该子程序采用分层切削的方式来编写该轮廓的加工程序。

（2）同平面内多个相同的轮廓形状的加工。在数控编程时，只编写其中一个轮廓形状加工程序，然后用主程序来进行调用。

（3）实现程序的优化。例如，加工中心的程序往往包含许多独立的工序，为优化加工顺序，把每一个独立的工序编成一个子程序，主程序只有换刀和调用子程序的命令，从而实现优化程序的目的。

注意：

（1）注意主、子程序间的模式代码的变换。如：需要注意主、子程序 G90 与 G91 模式的变换。在返回调用程序时注意检查一下所有模态有效的功能指令，并按照要求进行调整。

（2）在刀具半径补偿模式中程序不能被分支。半径补偿指令 G41/G42 与 G40 必须同时都在主程序中，或者同时都在子程序中。

（3）主程序调用子程序，子程序还可以调用其他子程序，这被称为子程序嵌套，一般子程序嵌套深度为 3 层，也就是有 4 个程序界面（包括主程序界面）。

（4）子程序可以重复调用，最多 999 次。

任务实施

步骤一　制定加工工艺

【例】图 3-3-1 所示的工件，要求加工出凸台，材料为 45#，编制加工程序，图中已给出编程坐标系。

1. 分析零件图样

图 3-3-1 所示的零件，因余量较大，所以采用粗精加工分开进行，先用粗加工刀具切除大部分余量，再用精加工刀具进行精加工，以达到尺寸要求。粗加工采用逆铣方式，有利于加工效率的提高；精加工采用顺铣方式，有利于表面质量的提高。走刀路线如图 3-3-11 所示。

2. 刀具选用

分析图形无特殊轮廓，可选用较大刀具进行粗加工，如 ϕ20 mm 立铣刀；精加工刀具选用 ϕ16 mm 立铣刀。

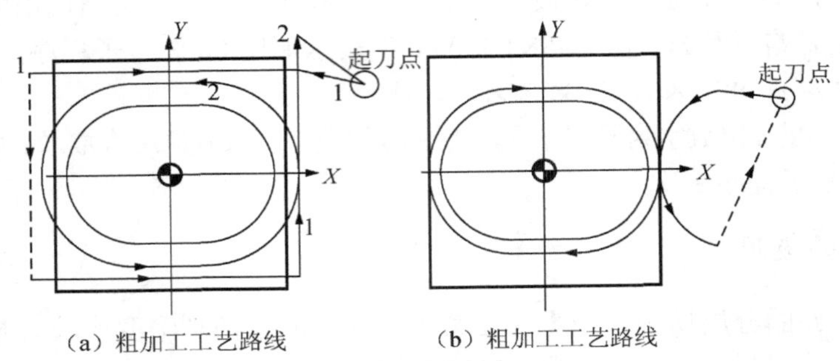

（a）粗加工工艺路线　　（b）粗加工工艺路线

图 3-3-11　工艺路线

3. 装夹方式

该零件结构较简单，适宜选用虎钳装夹。

4. 填写数控加工工序卡

数控加工工序卡填写示例见图 3-3-12。

<table>
<tr><td rowspan="2">工厂</td><td rowspan="2"></td><td rowspan="2" colspan="2">产品名称或代号</td><td>零件名称</td><td colspan="3">材料</td><td>零件图号</td></tr>
<tr><td>中级技能鉴定</td><td colspan="3">45#</td><td>×××</td></tr>
<tr><td>工序号</td><td>程序编号</td><td colspan="2">夹具编号</td><td colspan="4">使用设备</td><td>车间</td></tr>
<tr><td>×××</td><td>×××</td><td colspan="2">×××</td><td colspan="4">×××××</td><td>×××</td></tr>
<tr><td>工步号</td><td>工步
内容</td><td>夹具</td><td>刀具号</td><td>刀具
规格/mm</td><td>主轴转速
/（r/min）</td><td>进给速度
/（mm/min）</td><td>背吃刀量
/mm</td><td>备注</td></tr>
<tr><td>1</td><td>粗加工外轮廓</td><td>平口钳</td><td>T01</td><td>ϕ20 立铣刀</td><td>600</td><td>150</td><td>1</td><td></td></tr>
<tr><td>2</td><td>精加工外轮廓</td><td>平口钳</td><td>T02</td><td>ϕ16 立铣刀</td><td>800</td><td>200</td><td></td><td>××</td></tr>
<tr><td>编制</td><td>×××</td><td>审核</td><td>××</td><td>批准</td><td>××</td><td>×年×月×日</td><td>共 1 页</td><td>第 1 页</td></tr>
</table>

图 3-3-12　数控加工工序卡示例 3-3

步骤二　编写零件加工程序

1. 粗加工程序（ϕ20 mm 立铣刀）

编写加工程序参考表 3-3-1。

表 3-3-1　粗加工程序

程序	说明
O1111；	主程序号（去余量粗加工）
N10 G54 G17 G40 G80 G90 G49；	建立工件坐标系，绝对坐标编程，取消刀补，选择 XY 平面，取消固定循环
N20 M03 S600 M08；	主轴正转 600 r/min，开启冷却液
N30 G00 Z100；	刀具快速到达安全高度
N40 X100 Y60；	刀具快速定位到起刀点（*X*100，*Y*60）
N50 G00 Z5；	快速下刀至 *Z*5
N60 G01 Z0 F150；	下刀至 *Z*0，准备调用子程序
N70 M98 P00050001；	调用子程序 0001 去除大部分余量
N80 G90 G01 Z5 F300；	将刀具抬出工件至 *Z*5
N90 G00 Z100；	刀具快速抬至安全高度 *Z*100
N100 M05 M09；	主轴停转　关冷却液
N110 M30；	程序结束并复位

2. 子程序

编写加工程序参考表 3-3-2。

表 3-3-2　子程序

程序	说明
O0001；	子程序号
N10 G91 G01 Z-1 F200；	相对坐标下刀至 *Z*-1
N20 G90 G00 G42 X60 Y35 D01；	调用右刀补加工
N30 G01 X-60 F200；	直线插补至（*X*-60，*Y*35）
N40 G00 Y-35；	直线插补至（*X*-60，*Y*-35）
N50 G01 X45 F200；	直线插补至（*X*-45，*Y*35）
N60 G01 Y0；	直线插补至（*X*-45，*Y*0）
N70 G03 X15 Y30 R30 F200；	逆时针圆弧插补加工 *R*30
N80 G01 X-15 Y30；	直线插补至（*X*-15，*Y*30）
N90 G03 Y-30 R30 F200；	逆时针圆弧插补加工 *R*30
N100 G01 X15；	直线插补至（*X*15，*Y*30)
N110 G03 X45 Y0 R30 F200；	逆时针圆弧插补加工 *R*30
N120 G01 Y60 F300；	直线插补至（*X*45，*Y*60)
N130 G01 X60 F300；	直线插补至（*X*60，*Y*60)
N140 G00 G40 X100 Y60；	取消刀具半径补偿
M99；	子程序结束，返回主程序

3. 精加工程序（ϕ16 mm 立铣刀）

编写加工程序参考表 3-3-3。

表 3-3-3　精加工程序

程序	说明
O2222;	主程序号（精加工程序）
N10 G54G17 G40 G80 G90 G49 G69;	程序初始化
N20 G00 X100 Y30;	建立工件坐标系，起刀点 *X*100，*Y*30
N30 M03 S800;	主轴正转 1000r/min
N40G00 Z100;	安全高度
N50G00 Z5;	快速下刀至 *Z*5
N60 G01 Z-5 F200;	工进下刀至 *Z*-5
N70 G00 G41 X75 Y30 D02;	建立刀具半径左补偿，调用 2 号刀补
N80 G03 X45 Y0 R30 F200;	逆时针圆弧切入
N90 G02 X15 Y-30 R30 F100;	顺时针圆弧插补加工 *R*30
N100 G01 X-15 F100;	直线插补至（*X*-15，*Y*-30）
N110 G02 X-15 Y30 R30 F100;	顺时针圆弧插补加工 *R*30
N120 G01 X15;	直线插补至（*X*15，*Y*-30）
N130 G02 X45 Y0 R30 F100;	顺时针圆弧插补加工 *R*30
N140 G03 X75 Y-30 R30 F200;	逆时针圆弧切出
N150 G00 G40 X100 Y30;	取消刀具半径补偿
N160 G01 Z5 F400;	将刀具抬出工件至 *Z*5
N170 G00 Z100;	刀具快速抬至安全高度 *Z*100
N180 M05;	主轴停转
N190 M30;	程序结束并复位

扫码观看视频

凸台（二）零件加工仿真

步骤三　零件加工

将程序输入机床数控系统，检验无误后加工合格的零件。

步骤四　检测与评价

检测与评价表

班级			姓名		学号		
课题		凸台加工			零件编号		图 3-3-1
编程	序号	检测内容	配分		学生自评	教师评价	问题及改进
	1	加工工艺制定正确	10				
	2	切削用量合理	5				
	3	程序正确、简洁、规范	10				
	4	设备操作、维护保养正确	5				

续表

	序号	检测内容	配分	学生自评	教师评价	问题及改进
操作	5	安全、文明生产	10			
	6	刀具选择、安装正确、规范	5			
	7	工件找正、安装正确、规范	5			
工作态度	8	行为规范、纪律表现	10			
尺寸精度	9	*R*30（2 处）	8			
	10	30 mm（2 处）	8			
	11	5 mm	4			
粗糙度	12	所有加工表面	10			
加工时间	13	在规定时间完成（30 min）	10			
综合得分						

课 后 习 题

【理论题】

扫一扫右面的二维码，考核一下自己的理论知识学习成果吧

扫码观看视频

【习题三】

【实操题】

1. 习图 3-1 所示的零件，材料为 $45^{\#}$钢，调质处理，毛坯尺寸 100 mm×100 mm，按图纸要求，完成下面的零件加工任务。

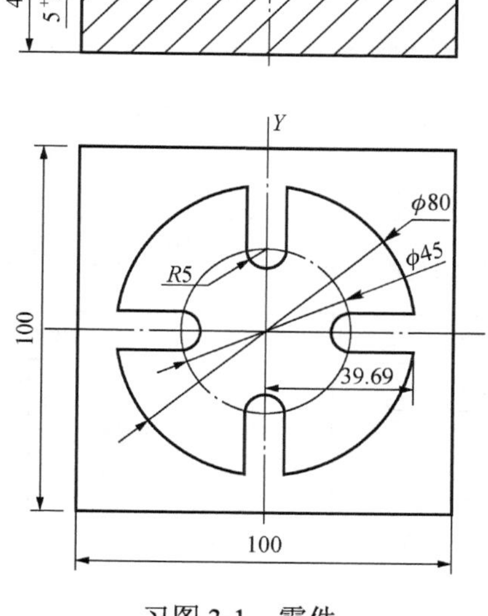

习图 3-1　零件

填写数控加工工序卡。

<table>
<tr><td rowspan="2">工厂</td><td rowspan="2"></td><td rowspan="2" colspan="2">产品名称或代号</td><td colspan="2">零件名称</td><td colspan="2">材料</td><td>零件图号</td></tr>
<tr><td colspan="2"></td><td colspan="2">45#</td><td>××</td></tr>
<tr><td>工序号</td><td>程序编号</td><td colspan="2">夹具编号</td><td colspan="4">使用设备</td><td>车间</td></tr>
<tr><td>××</td><td>×××</td><td colspan="2">×××</td><td colspan="4">×××××</td><td>××</td></tr>
<tr><td>工步号</td><td>工步
内容</td><td>夹具</td><td>刀具号</td><td>刀具
规格/mm</td><td>主轴转速
/（r/min）</td><td>进给速度
/（mm/min）</td><td>背吃刀量
/mm</td><td>备注</td></tr>
<tr><td></td><td></td><td></td><td></td><td></td><td></td><td></td><td></td><td></td></tr>
<tr><td></td><td></td><td></td><td></td><td></td><td></td><td></td><td></td><td></td></tr>
<tr><td>编制</td><td>×××</td><td>审核</td><td>××</td><td>批准</td><td>××</td><td>×年×月×日</td><td>共 1 页</td><td>第 1 页</td></tr>
</table>

2. 习图 3-2 所示的零件，材料为 45#钢，调质处理，毛坯尺寸 100 mm×100 mm，按图纸要求，完成下面的零件加工任务。

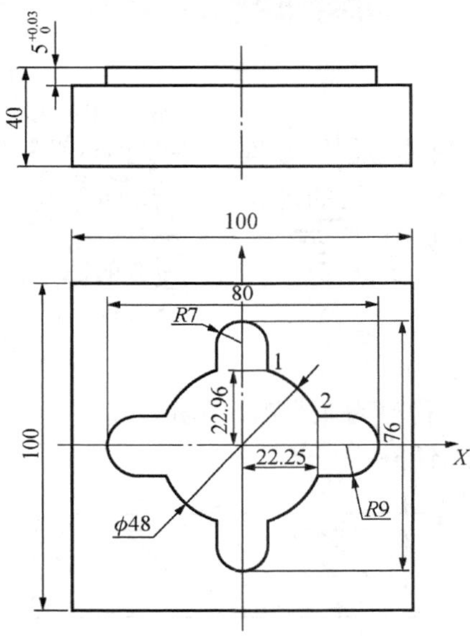

习图 3-2　零件图样

填写数控加工工序卡。

<table>
<tr><td rowspan="2">工厂</td><td rowspan="2"></td><td rowspan="2" colspan="2">产品名称或代号</td><td colspan="2">零件名称</td><td colspan="2">材料</td><td>零件图号</td></tr>
<tr><td colspan="2"></td><td colspan="2">45#</td><td>××</td></tr>
<tr><td>工序号</td><td>程序编号</td><td colspan="2">夹具编号</td><td colspan="4">使用设备</td><td>车间</td></tr>
<tr><td>××</td><td>×××</td><td colspan="2">×××</td><td colspan="4">×××××</td><td>××</td></tr>
<tr><td>工步号</td><td>工步
内容</td><td>夹具</td><td>刀具号</td><td>刀具
规格/mm</td><td>主轴转速
/（r/min）</td><td>进给速度
/（mm/min）</td><td>背吃刀量
/mm</td><td>备注</td></tr>
<tr><td></td><td></td><td></td><td></td><td></td><td></td><td></td><td></td><td></td></tr>
<tr><td></td><td></td><td></td><td></td><td></td><td></td><td></td><td></td><td></td></tr>
<tr><td>编制</td><td>×××</td><td>审核</td><td>××</td><td>批准</td><td>××</td><td>×年×月×日</td><td>共 1 页</td><td>第 1 页</td></tr>
</table>

3. 设计个人学号，编制加工程序并在数控铣床上加工零件。毛坯 100 mm×100 mm×40 mm 材料 45#。

4. 在数控铣床上加工如习图 3-3 所示的零件中六边形凸台。

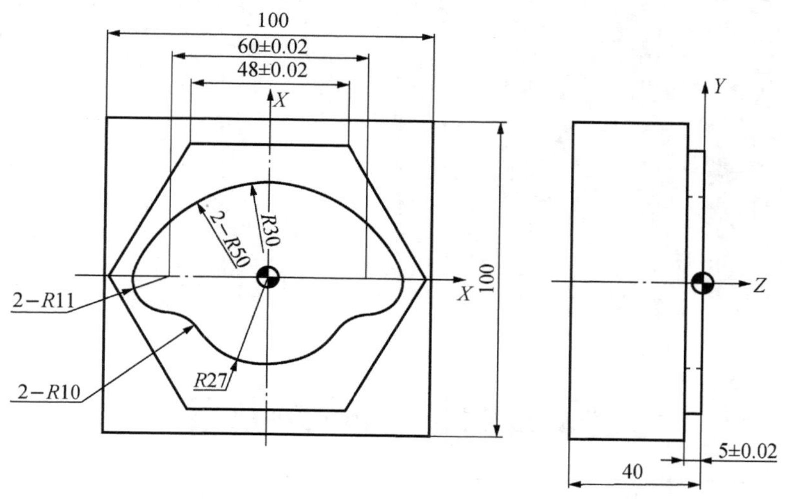

习图 3-3　六边形凸台零件图样

填写数控加工工序卡。

工厂		产品名称或代号		零件名称		材料		零件图号
						45#		××
工序号	程序编号	夹具编号		使用设备				车间
××	×××	×××		×××××				××
工步号	工步内容	夹具	刀具号	刀具规格/mm	主轴转速/（r/min）	进给速度/（mm/min）	背吃刀量/mm	备注
编制	×××	审核	××	批准	××	×年×月×日	共 1 页	第 1 页

项目四
内轮廓零件加工

任务一 圆弧凹槽板内轮廓加工

零件名称：圆弧凹槽板（图样见图 4-1-1）
材料：45#
毛坯尺寸：100 mm×100 mm×30 mm

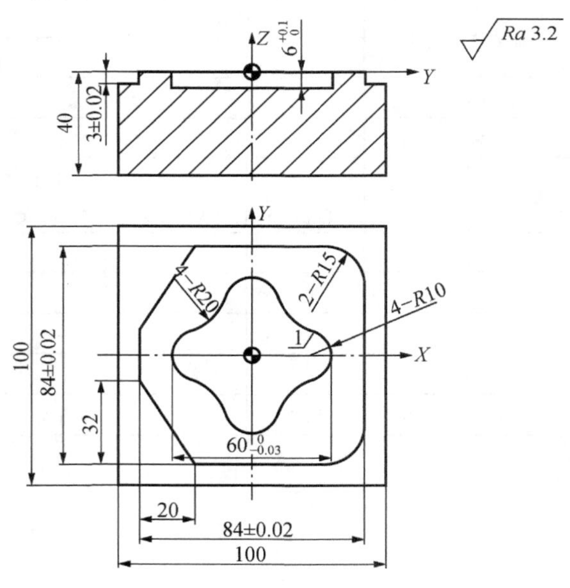

图 4-1-1　圆弧凹槽板零件图样

任务内容

（1）设计圆弧凹槽板加工工艺方案。

（2）编制圆弧凹槽板加工程序。

（3）用数控铣床加工圆弧凹槽板零件。

知识目标

（1）掌握内轮廓的加工工艺，能正确合理选用刀具及切削用量。

（2）掌握内轮廓加工的刀具路径。

（3）掌握内轮廓的编程方法。

技能目标

（1）正确选用加工刀具及合理的切削用量。

（2）能够熟练操作数控机床加工内轮廓。

知识准备

一、内轮廓加工路径

1. 铣削封闭的内轮廓表面

铣削封闭的内轮廓表面时，若内轮廓曲线允许外延，则应沿切线方向切入切出。若内轮廓曲线不允许外延（如图4-1-2所示），刀具只能沿内轮廓曲线的法向切入切出，此时刀具的切入切出点应尽量选在内轮廓曲线两几何元素的交点处。当内部几何元素相切无交点时（如图4-1-3所示），为防止刀具在轮廓拐角处留下凹口，刀具切入切出点应远离拐角。

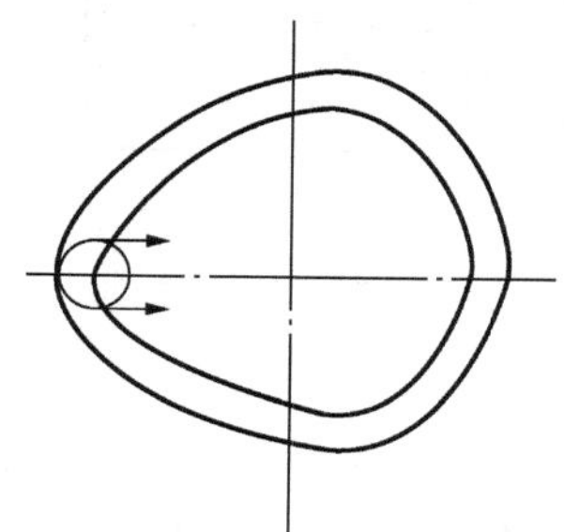

图4-1-2　内轮廓加工刀具的切入和切出

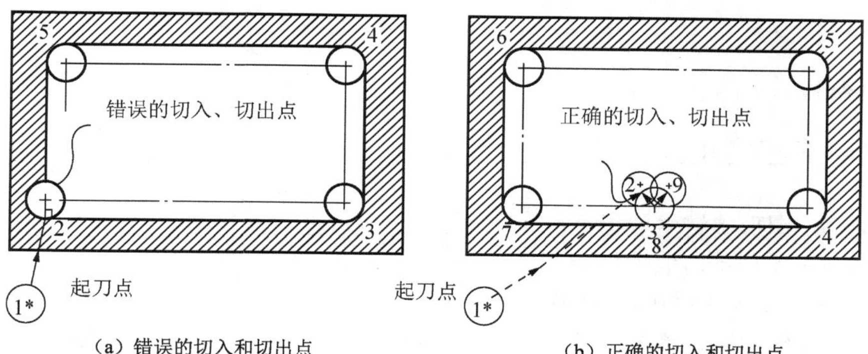

（a）错误的切入和切出点　　（b）正确的切入和切出点

图4-1-3　无交点内轮廓加工刀具的切入和切出

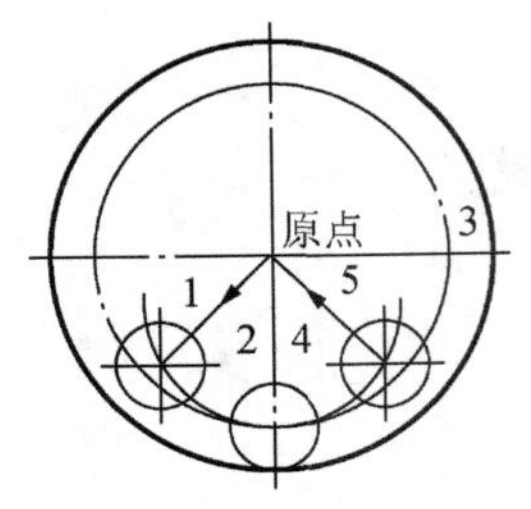

图 4-1-4　内整圆走刀路线

2. 铣削内整圆表面

铣削内圆弧时也要遵循从切向切入的原则。最好安排从圆弧过渡到圆弧的加工路线（如图 4-1-4 所示），这样可以提高内孔表面的加工精度和加工质量。

3. 型腔加工

型腔是指以封闭曲线为边界的平底或曲底凹坑。加工平底型腔时一律用平底铣刀，且刀具边缘部分的圆角半径应符合型腔的图样要求。

型腔的切削分两步：第一步切内腔，第二步切轮廓。切轮廓通常又分为粗加工和精加工两步。型腔加工路线分别为行切法加工、环切法加工、行切加环切法，运用时应根据具体情况合理选择加工路线。如图 4-1-5（a）路线所示为用行切方式加工型腔内腔的走刀路线，这种走刀能切除内腔中的全部余量，不留死角，不伤轮廓。但在两次走刀的起点和终点间留下残留高度，达不到要求的表面粗糙度。图 4-1-5（b）所示路线为先用行切法，最后沿周向环切一刀，光整轮廓表面，能获得较好的效果。如图 4-1-5（c）所示路线为环切法。环切法加工效果也较好，但加工时间较长。环切法的刀位点计算稍复杂，特别是当型腔中带有局部岛屿时。从进给路线长短比较，行切法略优于环切法。但在加工小面积型腔时，环切的程序量要比行切小。通常情况下先图 4-1-5（b）的路线加工方案最好。

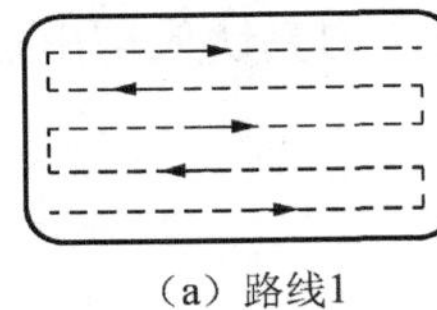

（a）路线1

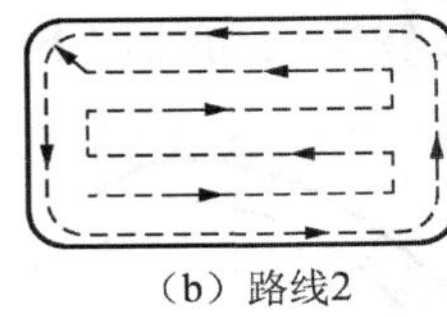

（b）路线2

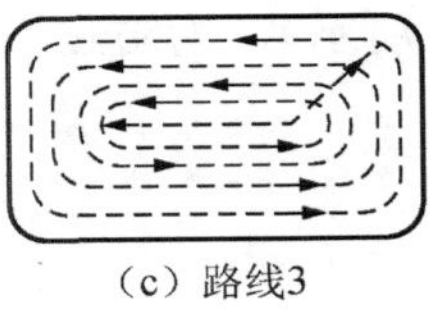

（c）路线3

图 4-1-5　铣削内腔的走刀路线

二、旋转指令的应用

对于某些围绕中心旋转得到的特殊的轮廓加工，如果根据旋转后的实际加工轨迹进行编程，就可能使坐标计算的工作量大大增加。而通过图像的旋转功能，可以大大简化编程的工作量。

1. 指令格式

G17 G68 X__Y__R__;
G69;

其中：G68——图形旋转生效指令；

G69——图形旋转取消指令；

X、Y——旋转中心的坐标值；

R——旋转角度，单位是（°），一般为 $0° \leqslant R \leqslant 360°$，旋转角度的零度方向为第一坐标轴的正方向，逆时针转角为“+”、反之为“-”，不足 1° 的角度以小数点表示，如 10°54′用 10.9° 表示。

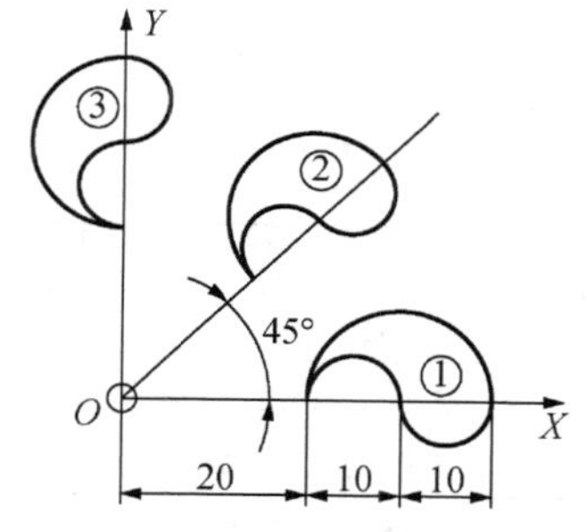

图 4-1-6　旋转指令应用

2. 编程应用说明

（1）当程序在绝对方式下时，G68 程序段后的第一个程序段必须使用绝对方式移动指令，才能确定旋转中心。如果这一程序段为增量方式移动指令，那么系统将以当前位置为旋转中心，按 G68 给定的角度旋转坐标。

（2）G68 虽然可以自由设定旋转中心，但是为了编程坐标便于表述（计算），建议采用坐标系原点作为旋转中心；如果旋转中心与坐标系原点不重合，建议采用 G91 编程，否则不能得到所需要的轨迹。

（3）G68 在执行时机床有动作，因此必须提高到安全高度后再执行该指令。G69 同理。

（4）M30 复位操作撤销不了 G68 功能，因此建议程序调试正确前，不要加入 G68 指令；或者中途停止循环启动后立即进入 MDI 方式，需先执行 G69，否则坐标系会产生错乱。

【例】 使用旋转功能编制如图 4-1-6 所示轮廓的加工程序，设刀具起点距工件上表面 50 mm，切削深度 5 mm。

该工件的加工程序如表 4-1-1。

表 4-1-1　加工程序

程序	说明
O0040;	主程号
N10 G17 G40 G69 ;	程序初始化
N15 G90 G54 G00 X0 Y0 Z50 M03 S600;	建立工件坐标系
N20 G01 Z-5 F100;	*Z* 轴缓慢移动到 *Z* 轴加工平面
N25 M98 P200;	加工①
N30 G68 X0 Y0 R45;	旋转 45°
N40 M98 P200;	加工②
N60 G68 X0 Y0 R90;	旋转 90°
N70 M98 P200;	加工③
N20 G0 Z50;	快速抬刀至 *Z*50
N80 G69 M30;	取消旋转，程序结束

子程序如表 4-1-2。

表 4-1-2　加工子程序

程序	说明
O200;	①的加工子程序
N100 G41 G01 X20 Y0 D02 F300;	建立半径补偿，刀具移动到加工的起始点
N105 Y0;	直线插补至（*X*20，*Y*0）
N110 G02 X40 I10;	顺时针圆弧加工 *R*10
N120 X30 I-5;	顺时针圆弧加工 *R*5
N130 G03 X20 Z-5;	逆时针圆弧加工 *R*5
N145 G40 G01 X0 Y0;	取消刀具半径补偿，返回定位点
N150 M99;	子程序结束，返回主程序

任务实施

加工如图 4-1-1 所示零件，运用所学的编程指令，直接按图形编写加工程序。

步骤一　制定加工工艺

1. 零件图工艺分析

工件外形为矩形，加工内轮廓；由零件图上可看出，该零件有尺寸精度、表面粗糙度要求；所用材料均为 $45^{\#}$，材料硬度适中，选择数控铣床加工。

2. 确定零件的装夹方式

由于该零件结构及其所对应的毛坯结构均为矩形，宜用平口钳装夹。

3. 确定加工顺序

加工顺序为粗铣内轮廓→精铣内轮廓。

4. 确定走刀路线

切削起点选（*X*30，*Y*0），逆时针方向加工，切削终点选（*X*30，*Y*0）。

5. 刀具的选择

选择ϕ10 mm 的立铣刀粗、精加工内轮廓。

6. 切削用量的选择

粗加工：*F*=200 mm/min，a_p=1 mm，*n*=900 r/min。
精加工：*F*=180 mm/min，a_p=1 mm，*n*=900 r/min。

7. 填写数控加工工序卡片

示例如图 4-1-7 所示。

工厂		产品名称或代号		零件名称		材料		零件图号
				五边形		45$^{\#}$		××
工序号	程序编号	夹具编号		使用设备				车间
××	×××	×××		×××××				××
工步号	工步 内容	夹具	刀具号	刀具 规格/mm	主轴转速 /（r/min）	进给速度 /（mm/min）	背吃刀量 /mm	备注
1	粗加工 内轮廓	平口钳	T01	ϕ10 立铣刀	900	200	1	×××
2	精加工 内轮廓	平口钳	T01	ϕ10 立铣刀	900	180	1	×××
编制	×××	审核	××	批准	××	×年×月×日	共 1 页	第 1 页

图 4-1-7　数控加工工序卡示例 4-1

步骤二　编写加工程序

1. 使用ϕ10 mm 立铣刀加工内轮廓

编写加工程序参考表 4-1-3。

表 4-1-3　内轮廓加工程序

程序	说明
O0041；	主程序号（去余量粗加工）
N10 G17 G40 G80 G69；	选择 *XY* 平面，取消半径补偿，钻孔循环和旋转
N20 G90 G54 G00 Z50；	建立工件坐标系，使主轴快速移动到的安全高度
N30 M03 S900；	主轴正转，转速为 900 r/min
N40 G00 X0 Y0；	快速定位到下刀点位置
N50 G00 Z3；	*Z* 轴快速移动到 *Z*3
N60 G01 Z-1 F30；	*Z* 轴缓慢移动到 *Z* 轴加工平面
N70 M98 P0042；	调用子程序 O0042，循环次数为 1 次
N80 G68 X0 Y0 R90；	调用旋转指令，旋转中心为工件原点，逆时针旋转 90°
N90 M98 P0042；	调用子程序 O0042，循环次数为 1 次
N100 G68 X0 Y0 R180；	调用旋转指令，旋转中心为工件原点，逆时针旋转 180°
N120 M98 P0042；	调用子程序 O0042，循环次数为 1 次
N130 G68 X0 Y0 R270；	调用旋转指令，旋转中心为工件原点，逆时针旋转 270°
N140 M98 P0042；	调用子程序 O0042，循环次数为 1 次
N150 G69；	取消旋转指令
N160 G00 Z100；	快速抬刀
N170 M05；	主轴停转
N180 M30；	程序结束

2. 子程序

编写加工子程序见表 4-1-4。

表 4-1-4　内轮廓加工子程序

程序	说明
O0042；	子程序号
N10 G90 G41 D01 G01 X30 Y0 F200；	建立半径补偿，刀具移动到加工的起始点
N20 G03 X22.9 Y9.57 R10；	逆时针圆弧插补加工 *R*10
N30 G02 X9.57 Y22.9 R20；	顺时针圆弧插补加工 *R*20
N40 G03 X0 Y30 R10；	逆时针圆弧插补加工 *R*10
N50 G40 G01 X0 Y0；	取消刀具半径补偿，返回定位点
N60 M99；	子程序结束，返回主程序

精加工程序在粗加工程序的基础上修改刀具半径补偿值后就可以进行加工。

步骤三　工件加工

1. 加工准备

（1）阅读零件图，检查坯料的尺寸。

（2）开机，返回机床参考点。

（3）输入程序并检查该程序。

（4）安装夹具，夹紧工件。工件用平口钳装夹，底部用垫块垫起，一次装夹完成全部加工内容。

（5）安装刀具。

2. 对刀/设定工件坐标系

1）*X*、*Y* 向对刀

通过寻边器进行对刀，得到 *X*、*Y* 零偏置值，并输入到 G54 中（坐标系为工作中心）。

2）*Z* 向对刀

例 1 中采用一把刀具加工，零件的上表面被设定为 *Z*=0 面，G54 中的 *Z* 值为零。也可以借助 *Z* 轴对刀仪对刀，*Z* 轴对刀仪放置时与零件上表面同一高度，刀具把 *Z* 轴对刀仪压下，把机床坐标值输入到 G54 中，前面例题中为负值。

3. 输入刀具补偿值

把刀具的半径补偿值输入到对应的半径补偿单元 D01、D02 中。

4. 程序调试

把工件坐标系的 *Z* 值正方向平移 50 mm，按启动键，适当降低进给速度，检查刀具运动是否正确。

5. 工件加工

把工件坐标系的 *Z* 值恢复原值，将进给速度旋钮旋到低挡，按启动键。机床加工时适当调整主轴转速和进给速度，保证加工正常。

6. 尺寸测量

程序执行完毕后，返回到设定高度，机床自动停止。用游标卡尺检查内轮廓是否合格，若不合格需合理修改补偿值，再加工，直至合格为止。

扫码观看视频

圆弧凹槽加工仿真

7. 结束加工，松开夹具，卸下工件，清理机床

步骤四　检测与评价

在工件完成后填写工件检测与评价标准。

检测与评价表

<table>
<tr><td>班级</td><td></td><td>姓名</td><td></td><td colspan="2">学号</td><td></td></tr>
<tr><td colspan="2">课题</td><td colspan="2">圆弧凹槽板加工</td><td colspan="2">零件编号</td><td>图 4-1-1</td></tr>
<tr><td rowspan="5">编程</td><td>序号</td><td>检测内容</td><td>配分</td><td>学生自评</td><td>教师评价</td><td>问题及改进</td></tr>
<tr><td>1</td><td>加工工艺制定正确</td><td>10</td><td></td><td></td><td></td></tr>
<tr><td>2</td><td>切削用量合理</td><td>5</td><td></td><td></td><td></td></tr>
<tr><td>3</td><td>程序正确、简洁、规范</td><td>10</td><td></td><td></td><td></td></tr>
<tr><td>4</td><td>设备操作、维护保养正确</td><td>5</td><td></td><td></td><td></td></tr>
<tr><td rowspan="3">操作</td><td>5</td><td>安全、文明生产</td><td>10</td><td></td><td></td><td></td></tr>
<tr><td>6</td><td>刀具选择、安装正确、规范</td><td>5</td><td></td><td></td><td></td></tr>
<tr><td>7</td><td>工件找正、安装正确、规范</td><td>5</td><td></td><td></td><td></td></tr>
<tr><td>工作态度</td><td>8</td><td>行为规范、纪律表现</td><td>10</td><td></td><td></td><td></td></tr>
<tr><td rowspan="4">尺寸检测</td><td>9</td><td>60±0.04 mm</td><td>4</td><td></td><td></td><td></td></tr>
<tr><td>10</td><td>R20（4 处）</td><td>6</td><td></td><td></td><td></td></tr>
<tr><td>11</td><td>R10（4 处）</td><td>6</td><td></td><td></td><td></td></tr>
<tr><td>12</td><td>$6^{+0.1}_{0}$ mm</td><td>4</td><td></td><td></td><td></td></tr>
<tr><td>粗糙度</td><td>13</td><td>所有加工表面</td><td>10</td><td></td><td></td><td></td></tr>
<tr><td>加工时间</td><td>14</td><td>在规定时间完成（150 min）</td><td>10</td><td></td><td></td><td></td></tr>
<tr><td colspan="4">综合得分</td><td></td><td></td><td></td></tr>
</table>

想一想： 使用旋转指令适合加工哪些轮廓特征的零件？

任务二 滑块内轮廓加工

零件名称：滑块（图样见图 4-2-1）
材料：45#
毛坯尺寸：100 mm×100 mm×30 mm

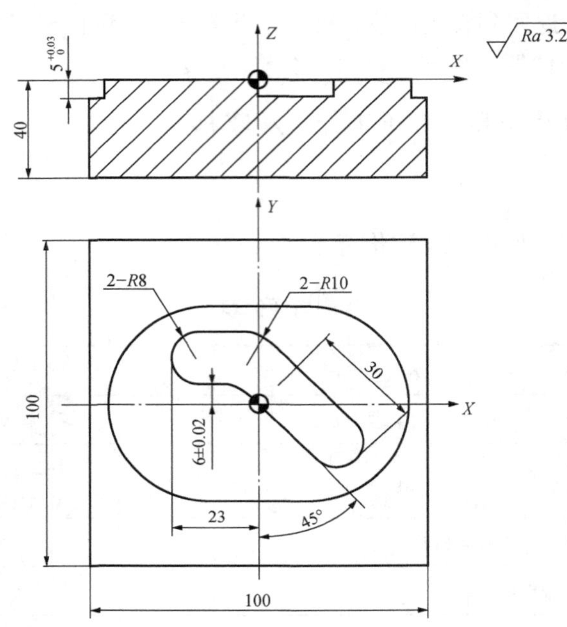

图 4-2-1 滑块零件图样

任务内容

（1）制定滑块零件内轮廓加工工艺。
（2）编制滑块零件内轮廓加工程序。
（3）用数控铣床加工滑块零件。

知识目标

（1）掌握滑块零件加工工艺。
（2）熟练应用子程序指令编程。
（3）掌握应用子程序的编程方法。

技能目标

（1）能够正确选用夹具装夹工件和正确选用刀具。
（2）正确选用加工刀具及合理的切削用量。
（3）能够熟练操作数控机床，应用子程序加工工件。

评价方法

根据检测与评价表中各项检测内容评价学生过程成绩。

任务实施

加工如图 4-2-1 所示零件，运用所学的编程指令，按图形编写加工程序。

步骤一 制定加工工艺

1. 零件图工艺分析

工件外形为矩形，加工内轮廓；由零件图上可看出，该零件有尺寸精度、表面粗糙度要求；所用材料均为 45#，材料硬度适中，选择数控铣床加工。

2. 确定零件的装夹方式

由于该零件结构及其所对应的毛坯结构均为矩形，宜用平口钳装夹。

3. 确定加工顺序

加工顺序为粗铣内轮廓→精铣内轮廓。

4. 节点计算

计算图 4-2-2 中内轮廓节点坐标值。

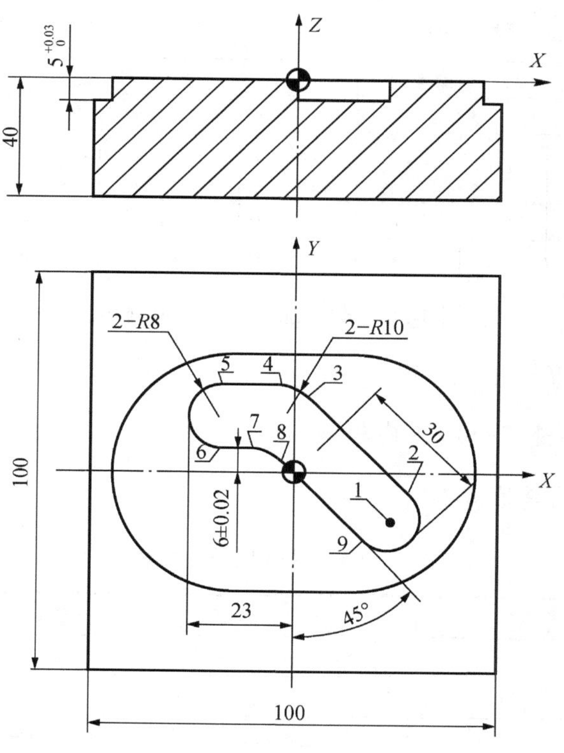

图 4-2-2 节点位置

节点坐标值：1 点（X21.21，Y-9.9），2 点（X26.87，Y-4.24），3 点（X3.56，Y19.07），4 点（X-3.51，Y22）5 点（X-15，Y22），6 点（X-15，Y6），7 点（X-10.14，Y6），8 点（X-3.07，Y3.07），9 点（X15.56，Y-15.56）。

5. 确定走刀路线

下刀点选（X21.21，Y-9.9），切削起点选（X26.87，Y-4.24）顺时针方向加工，切削终点选（X15.56，Y-15.56）。

6. 刀具的选择

选择ϕ10 mm 的立铣刀粗、精加工内轮廓。

7. 切削用量的选择

粗加工：F=200 mm/min，a_p=1 mm，n=900 r/min。

精加工：F=180 mm/min，a_p=1 mm，n=900 r/min。

8. 填写数控加工工序卡片

示例见图 4-2-3。

工厂		产品名称或代号		零件名称		材料		零件图号
				五边形		45#		××
工序号	程序编号	夹具编号		使用设备				车间
××	×××	×××		×××××				××
工步号	工步内容	夹具	刀具号	刀具规格/mm	主轴转速/（r/min）	进给速度/（mm/min）	背吃刀量/mm	备注
1	粗加工内轮廓	平口钳	T01	ϕ10 立铣刀	900	200	1	XXX
2	精加工内轮廓	平口钳	T01	ϕ10 立铣刀	900	180	1	XXX

图 4-2-3　数控加工工序卡示例 4-2

步骤二　编写加工程序

1. 使用ϕ10 mm 铣刀粗加工内轮廓

编写加工程序可参考表 4-2-1。

表 4-2-1　粗加工内轮廓程序

程序	说明
O0043；	主程序号（去余量粗加工）
N10 G17 G40 G80；	选择 XY 平面，取消半径补偿，钻孔循环
N20 G90 G54 G00 Z50；	建立工件坐标系，使主轴快速移动到的安全高度
N30 M03 S900；	主轴正转，转速为 900 r/min
N40 G00 X21.21 Y-9.9；	快速定位到下刀点位置

续表

程序	说明
N50 G00 Z3；	*Z* 轴快速移动到 *Z*3 mm
N60 G01 Z0 F30；	*Z* 轴缓慢移动到 *Z*0 mm 平面
N70 M98 P0044 L5；	调用子程序 O0044，循环次数为 5 次
N80 G00 Z100；	快速抬刀
N90 M05；	主轴停转
N100 M30；	程序结束

2. 子程序

编写加工子程序可参考表 4-2-2。

表 4-2-2　加工子程序

程序	说明
O0044；	子程序号
N10 G91 G01 Z-1 F30；	用增量来重复下刀
N20 G90 G41 D01 G01 X26.87 Y-4.24 F200；	建立半径补偿，刀具移动到加工的起始点
N30 G01 X3.56 Y19.07；	直线插补至（*X*3.56，*Y*19.07）
N40 G03 X-3.51 Y22 R10；	逆时针圆弧加工 *R*10
N50 G01 X-15 Y22；	直线插补至（*X*-15，*Y*22）
N60 G03 X-15 Y6 R8；	逆时针圆弧加工 *R*8
N70 G01 X-10.14 Y6；	直线插补至（*X*-10.14，*Y*6）
N80 G02 X-3.07 Y3.07 R10；	顺时针圆弧加工 *R*10
N90 G01 X15.56 Y-15.56；	直线插补至（*X*15.56，*Y*-15.56）
N100 G03 X26.87 Y-4.24 R8；	逆时针圆弧加工 *R*8
N110 G40 G01 X21.21 Y-9.9；	取消刀具半径补偿，返回定位点
N120 M99；	子程序结束，返回主程序

精加工程序在粗加工程序的基础上修改刀具半径补偿值后就可以进行加工。

步骤三　工件加工

1. 加工准备

扫码观看视频

滑块加工仿真

（1）阅读零件图，检查坯料的尺寸。

（2）开机，返回机床参考点。

（3）输入程序并检查该程序。

（4）安装夹具，夹紧工件。工件用平口钳装夹，底部用垫块垫起，一次装夹完成全部加工内容。

（5）安装刀具。

2. 对刀/设定工件坐标系

1）*X*、*Y* 向对刀

通过寻边器进行对刀，得到 *X*、*Y* 零偏置值，并输入到 G54 中。（坐标系为工作中心）。

2）*Z* 向对刀

本任务采用一把刀具加工，零件的上表面被设定为 *Z*=0 面，G54 中的 *Z* 值为零。也可以借助 *Z* 轴对刀仪对刀，*Z* 轴对刀仪放置时与零件上表面同一高度，刀具把 *Z* 轴对刀仪压下，把机床坐标值输入到 G54 中，本例为负值。

3. 输入刀具补偿值

把刀具的半径补偿值输入到对应的半径补偿单元 D01、D02 中。

4. 程序调试

把工件坐标系的 *Z* 值正方向平移 50 mm，按启动键，适当降低进给速度，检查刀具运动是否正确。

5. 工件加工

把工件坐标系的 *Z* 值恢复原值，将进给速度旋钮旋到低挡，按启动键。机床加工时适当调整主轴转速和进给速度，保证加工正常。

6. 尺寸测量

程序执行完毕后，返回到设定高度，机床自动停止。用游标卡尺检查内轮廓是否合格，若不合格需合理修改补偿值，再加工，直至合格为止。

7. 结束加工

松开夹具，卸下工件，清理机床。

步骤四　检测与评价

在工件完成后填写表工件检测与评价标准。

检测与评价表

班级		姓名		学号		
课题		滑块零件加工		零件编号		图 4-2-1
编程	序号	检测内容	配分	学生自评	教师评价	问题及改进
	1	加工工艺制定正确	10			
	2	切削用量合理	5			
	3	程序正确、简洁、规范	10			
	4	设备操作、维护保养正确	5			

续表

	序号	检测内容	配分	学生自评	教师评价	问题及改进
操作	5	安全、文明生产	10			
	6	刀具选择、安装正确、规范	5			
	7	工件找正、安装正确、规范	5			
工作态度	8	行为规范、纪律表现	10			
尺寸检测	9	槽宽尺寸 16 mm	8			
	10	槽深尺寸 5 mm	4			
	11	*R*8（2 处）	4			
	12	*R*10（2 处）	4			
粗糙度	13	所有加工表面	10			
加工时间	14	在规定时间完成（30 min）	10			
综合得分						

想一想：在应用子程序来挖槽时要注意哪些加工细节？

任务三　综合加工

零件名称：型腔类零件（零件图样见图 4-3-1）
材料：45#
毛坯尺寸：100 mm×100 mm×30 mm

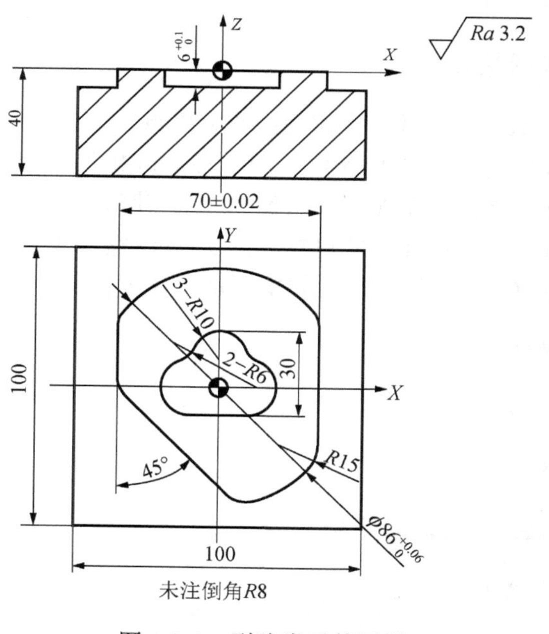

图 4-3-1　型腔类零件图样

任务内容

(1) 设计加工工艺方案。
(2) 编制加工程序。
(3) 用数控铣床加工零件。

知识目标

(1) 掌握工件加工工艺，能正确合理地选用刀具及切削用量。
(2) 熟练编制零件加工程序。

技能目标

(1) 能够正确选用夹具装夹工件和正确选用刀具。
(2) 正确选用加工刀具及合理的切削用量。
(3) 能够熟练操作数控机床加工内轮廓。

评价方法

观察法，根据检测评价表评价学生过程成绩。

任务实施

加工如图 4-3-1 所示零件，运用所学的编程指令，直接按图形编写加工程序。

步骤一　制定加工工艺

1. 加工工艺路线的确定

(1) 建立工件坐标系，以工件的上表面中心为原点。
(2) 使用ϕ16 mm 立铣刀粗加工外轮廓，留 0.3 mm 精加工余量。
(3) 使用ϕ16 mm 立铣刀铣精加工外轮廓至加工精度。
(4) 使用ϕ10 mm 立铣刀粗加工内轮廓，留 0.3 mm 精加工余量。
(5) 使用ϕ10 mm 立铣刀铣精加工内轮廓至加工精度。

2. 制定加工工序卡

示例见图 4-3-2。

步骤二　编写加工程序

1. 用ϕ16 mm 立铣刀粗加工外轮廓

编写加工程序可参考表 4-3-1。

<table>
<tr><td rowspan="2">工厂</td><td rowspan="2"></td><td colspan="2" rowspan="2">产品名称或代号</td><td colspan="2">零件名称</td><td colspan="2">材料</td><td>零件图号</td></tr>
<tr><td colspan="2"></td><td colspan="2">45#</td><td>××</td></tr>
<tr><td>工序号</td><td>程序编号</td><td colspan="2">夹具编号</td><td colspan="4">使用设备</td><td>车间</td></tr>
<tr><td>××</td><td>×××</td><td colspan="2">×××</td><td colspan="4">×××××</td><td>××</td></tr>
<tr><td>工步号</td><td>工步内容</td><td>夹具</td><td>刀具号</td><td>刀具规格/mm</td><td>主轴转速/（r/min）</td><td>进给速度/（mm/min）</td><td>背吃刀量/mm</td><td>备注</td></tr>
<tr><td>1</td><td>粗加工外轮廓</td><td>平口钳</td><td>T01</td><td>ϕ16 立铣刀</td><td>600</td><td>250</td><td>1</td><td>×××</td></tr>
<tr><td>2</td><td>精加工外轮廓</td><td>平口钳</td><td>T01</td><td>ϕ16 立铣刀</td><td>900</td><td>200</td><td>1</td><td>×××</td></tr>
<tr><td>3</td><td>粗加工内轮廓</td><td>平口钳</td><td>T02</td><td>ϕ10 立铣刀</td><td>600</td><td>200</td><td>1</td><td>×××</td></tr>
<tr><td>4</td><td>精加工内轮廓</td><td>平口钳</td><td>T02</td><td>ϕ10 立铣刀</td><td>900</td><td>180</td><td>1</td><td>×××</td></tr>
<tr><td>编制</td><td>×××</td><td>审核</td><td>××</td><td>批准</td><td>××</td><td>×年×月×日</td><td>共 1 页</td><td>第 1 页</td></tr>
</table>

图 4-3-2　数控加工工序卡示例 4-3

表 4-3-1　外轮廓粗加工程序

程序	说明
O0045；	主程序号（去余量粗加工）
N10 G17 G40 G80；	选择 *XY* 平面，取消半径补偿，钻孔循环
N20 G90 G54 G00 Z50；	建立工件坐标系，使主轴快速移动到的安全高度
N30 M03 S600；	主轴正转，转速为 600 r/min
N40 G00 X70 Y0；	快速定位到下刀点位置
N50 G00 Z0；	*Z* 轴快速移动到 *Z*0
N60 M98 P0046 L5；	调用子程序 O0046，循环次数为 5 次
N70 G00 Z100；	快速抬刀
N80 M05；	主轴停转
N90 M30；	程序结束

编写子程序参考表 4-3-2。

表 4-3-2　粗加工子程序

程序	说明
O0046；	子程序号
N10 G91 G01 Z-1 F30；	用增量来重复下刀
N20 G90 G41 D01 G01 X35 Y0 F250；	建立半径补偿，刀具移动到加工的起始点
N30 G01 X35 Y-19.6；	直线插补至（*X*35，*Y*-19.6）
N40 G02 X30.71 Y-30.09 R15；	顺时针圆弧加工 *R*15
N50 G02 X12.15 Y-41.25 R43；	顺时针圆弧加工 *R*43

续表

程序	说明
N60 G02 X4.23 Y-39.23 R8；	顺时针圆弧加工 *R*8
N70 G01 X-32.66 Y-2.34；	直线插补至（*X*32.66，*Y*−2.34）
N80 G02 X-35 Y3.31 R8；	顺时针圆弧加工 *R*8
N90 G01 X-35 Y22.27；	直线插补至（*X*35，*Y*22.27）
N100 G02 X-33.17 Y27.36 R8；	顺时针圆弧加工 *R*8
N110 G02 X33.17 Y27.36 R43；	顺时针圆弧加工 *R*43
N120 G02 X35 Y22.27 R8；	顺时针圆弧加工 *R*8
N130 G01 X35 Y-2；	向 *Y* 轴负方向多加工 2 mm，防止接刀痕的产生
N140 G40 G01 X70 Y0；	取消刀具半径补偿，返回定位点
N150 M99；	子程序结束，返回主程序

2. 用ϕ16 mm 立铣刀精加工外轮廓

编写加工程序可参考表 4-3-3。

表 4-3-3　外轮廓精加工程序

程序	说明
O0047；	主程序号（去余量粗加工）
N10 G17 G40 G80；	选择 *XY* 平面，取消半径补偿，钻孔循环
N20 G90 G54 G00 Z50；	建立工件坐标系，使主轴快速移动到的安全高度
N30 M03 S900；	主轴正转，转速为 900r/min
N40 G00 X70 Y0；	快速定位到下刀点位置
N50 G00 Z-6；	快速定位到 *Z*−5
N60 G90 G41 D01 G01 X35 Y0 F200；	建立半径补偿，刀具移动到加工的起始点
N70 G01 X35 Y-19.6；	直线插补至（*X*35,*Y*−19.6）
N80 G02 X30.71 Y-30.09 R15；	顺时针圆弧加工 *R*15
N90 G02 X12.15 Y-41.25 R43；	顺时针圆弧加工 *R*43
N100 G02 X4.23 Y-39.23 R8；	顺时针圆弧加工 *R*8
N110 G01 X-32.66 Y-2.34；	直线插补至（*X*−32.66,*Y*−2.34）
N120 G02 X-35 Y3.31 R8；	顺时针圆弧加工 *R*8
N130 G01 X-35 Y22.27；	直线插补至（*X*−35,*Y*22.27）
N140 G02 X-33.17 Y27.36 R8；	顺时针圆弧加工 *R*8
N150 G02 X33.17 Y27.36 R43；	顺时针圆弧加工 *R*43
N160 G02 X35 Y22.27 R8；	顺时针圆弧加工 *R*8
N170 G01 X35 Y-2；	向 *Y* 轴负方向多加工 2 mm，防止接刀痕的产生
N180 G40 G01 X70 Y0；	取消刀具半径补偿，返回定位点
N190 G00 Z100；	快速抬刀
N200 M05；	主轴停转
N210 M30；	程序结束

3. 使用ϕ10 mm 立铣刀粗加工内轮廓

编写加工程序可参考表 4-3-4。

表 4-3-4　内轮廓粗加工程序

程序	说明
O0048;	主程序号（去余量粗加工）
N10 G17 G40 G80;	选择 *XY* 平面，取消半径补偿，钻孔循环
N20 G90 G54 G00 Z50;	建立工件坐标系，使主轴快速移动到的安全高度
N30 M03 S600;	主轴正转，转速为 600 r/min
N40 G00 X0 Y0;	快速定位到下刀点位置
N50 G00 Z5;	*Z* 轴快速移动到 *Z*5
N60 G01 Z0 F50;	*Z* 轴缓慢移动到 *Z*0
N70 M98 P0049 L6;	调用子程序 O0049，循环次数为 6 次
N80 G00 Z100;	快速抬刀
N90 M05;	主轴停转
N100 M30;	程序结束

编写子程序可参考表 4-3-5。

表 4-3-5　内轮廓粗加工子程序

程序	说明
O0049;	子程序号
N10 G91 G01 Z-1 F30;	用增量来重复下刀
N20 G90 G41 D01 G01 X0 Y-10 F200;	建立半径补偿，刀具移动到加工的起始点
N30 G01 X10 Y-10;	直线插补至（*X*10,*Y*−10）
N40 G03 X13.22 Y9.47 R10;	逆时针圆弧加工 *R*10
N50 G02 X9.47 Y13.22 R6;	顺时针圆弧加工 *R*6
N60 G03 X-9.47 Y13.22 R10;	逆时针圆弧加工 *R*10
N70 G02 X-13.22 Y9.47 R6;	顺时针圆弧加工 *R*6
N80 G03 X-10 Y-10 R10;	逆时针圆弧加工 *R*10
N90 G01 X2 Y-10;	向 *X* 轴正方向多加工 2mm，防止接刀痕的产生
N100 G40 G01 X0 Y0;	取消刀具半径补偿，返回定位点
N110 M99;	子程序结束，返回主程序

4. 使用ϕ10 mm 立铣刀精加工内轮廓

编写加工程序可参考表 4-3-6。

表 4-3-6　内轮廓精加工程序

程序	说明
O0050;	主程序号（去余量粗加工）
N10 G17 G40 G80;	选择 *XY* 平面，取消半径补偿，钻孔循环
N20 G90 G54 G00 Z50;	建立工件坐标系，使主轴快速移动到的安全高度
N30 M03 S900;	主轴正转，转速为 900r/min
N40 G00 X0 Y0;	快速定位到下刀点位置
N50 G00 Z5	*Z* 轴快速移动到 *Z*5 平面
N60 G01 Z-6 F50;	*Z* 轴缓慢移动到 *Z*−6
N70 G90 G41 D01 G01 X0 Y-10 F180;	建立半径补偿，刀具移动到加工的起始点
N80 G01 X10 Y-10;	直线插补至（*X*10,*Y*−10）
N90 G03 X13.22 Y9.47 R10;	逆时针圆弧加工 *R*10
N100 G02 X9.47 Y13.22 R6;	逆时针圆弧加工 *R*6
N110 G03 X-9.47 Y13.22 R10;	逆时针圆弧加工 *R*10
N120 G02 X-13.22 Y9.47 R6;	逆时针圆弧加工 *R*6
N130 G03 X-10 Y-10 R10;	逆时针圆弧加工 *R*10
N140 G01 X2 Y-10;	向 *X* 轴正方向多加工 2mm，防止接刀痕的产生
N150 G40 G01 X0 Y0;	取消刀具半径补偿，返回定位点
N160 G00 Z100;	快速抬刀
N170 M05;	主轴停转
N180 M30;	程序结束

步骤三　工件加工

1. 加工准备

（1）阅读零件图，并检查毛坯料的尺寸。

（2）开机，返回机床参考点。

（3）通过操作面板在编辑模式下，将程序逐句输入到控制系统并检查。

（4）工件的装夹与对刀操作。

① 用平口钳装夹工件，并保证零件上平面高出钳口 8～10 mm。

② 采用试切法确定工件坐标系原点在机床坐标系中的位置。将工件坐标系原点在机床坐标系中的位置坐标输入 G54 中相应的位置。

2. 进行程序校验及加工轨迹仿真

将工件坐标系的 *Z* 值正方向平移 50 mm，方法是在工件坐标系参数 G54 中输入 50，按启动键，适当降低进给速度，检查刀具运动是否正确。

3. 调整转速

把工件坐标系的 Z 值恢复原值，将进给速度旋钮旋到低挡，按启动键。机床加工时适当调整主轴转速和进给速度，保证加工正常。

4. 工件加工

当程序校验无误后，调用相应程序开始自动加工

5. 尺寸测量

加工结束后对工件进行检验，确定其尺寸是否符合图样要求。对超差尺寸在可以修复的情况下继续加工，直至符合图样要求。

扫码观看视频

综合加工仿真

6. 结束加工

松开夹具，卸下工件，清理机床。

步骤四　检测与评价

检测与评价表

班级		姓名		学号		
课题	综合实例			零件编号		图 4-3-1
	序号	检测内容	配分	学生自评	教师评价	问题及改进
编程	1	加工工艺制定正确	10			
	2	切削用量合理	5			
	3	程序正确、简洁、规范	10			
	4	设备操作、维护保养正确	5			
操作	5	安全、文明生产	10			
	6	刀具选择、安装正确、规范	5			
	7	工件找正、安装正确、规范	5			
工作态度	8	行为规范、纪律表现	10			
尺寸检测	9	70±0.02 mm	5			
	10	2-R6	5			
	11	槽深 6	5			
	12	R15	5			
粗糙度	13	所有加工表面	10			
加工时间	14	在规定时间完成（30 min）	10			
综合得分						

课后习题

【理论题】

扫一扫右面的二维码，考核一下自己的理论知识学习成果吧

【实操题】

1. 加工习图 4-1 所示的零件，材料为 45#钢，调质处理，毛坯尺寸 100 mm×100 mm×40 mm，四周边不加工，锐边倒钝。按图纸要求，完成零件加工任务。

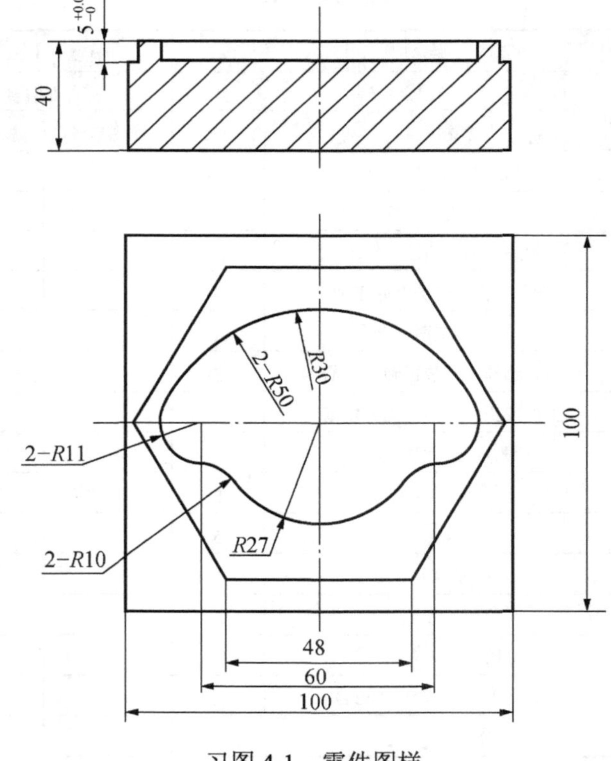

习图 4-1　零件图样

填写数控加工工序卡。

工厂		产品名称或代号		零件名称		材料		零件图号
						$45^{\#}$		××
工序号	程序编号	夹具编号		使用设备				车间
××	×××	×××		×××××				××
工步号	工步内容	夹具	刀具号	刀具规格/mm	主轴转速/（r/min）	进给速度/（mm/min）	背吃刀量/mm	备注
编制	×××	审核	××	批准	××	×年×月×日	共×页	第×页

2. 加工习图 4-2 所示的零件，材料为 $45^{\#}$钢，调质处理，毛坯尺寸 100 mm×80 mm×20 mm，四周边不加工，锐边倒钝。按图纸要求，完成下面的零件加工任务。

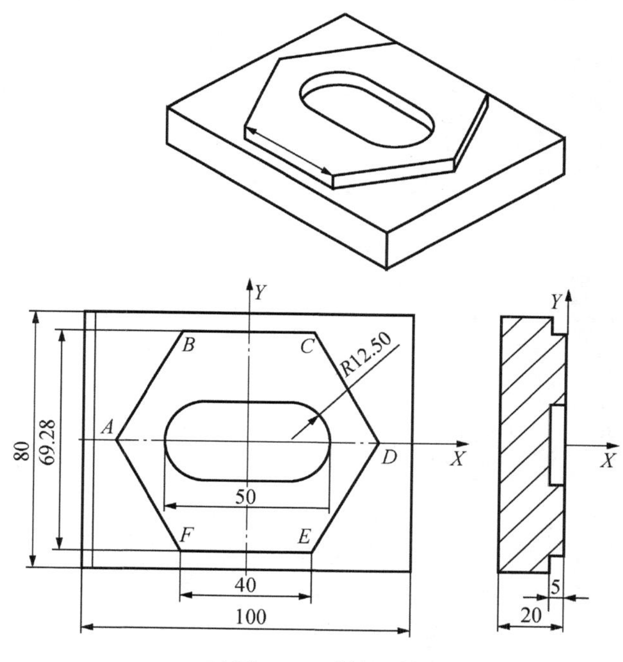

习图 4-2　零件图样

填写数控加工工序卡。

<table>
<tr><td rowspan="2">工厂</td><td rowspan="2"></td><td colspan="2" rowspan="2">产品名称或代号</td><td colspan="2">零件名称</td><td colspan="2">材料</td><td>零件图号</td></tr>
<tr><td colspan="2"></td><td colspan="2">$45^{\#}$</td><td>××</td></tr>
<tr><td>工序号</td><td>程序编号</td><td colspan="2">夹具编号</td><td colspan="4">使用设备</td><td>车间</td></tr>
<tr><td>××</td><td>×××</td><td colspan="2">×××</td><td colspan="4">×××××</td><td>××</td></tr>
<tr><td>工步号</td><td>工步
内容</td><td>夹具</td><td>刀具号</td><td>刀具
规格/mm</td><td>主轴转速
/（r/min）</td><td>进给速度
/（mm/min）</td><td>背吃刀量
/mm</td><td>备注</td></tr>
<tr><td></td><td></td><td></td><td></td><td></td><td></td><td></td><td></td><td></td></tr>
<tr><td></td><td></td><td></td><td></td><td></td><td></td><td></td><td></td><td></td></tr>
<tr><td></td><td></td><td></td><td></td><td></td><td></td><td></td><td></td><td></td></tr>
<tr><td></td><td></td><td></td><td></td><td></td><td></td><td></td><td></td><td></td></tr>
<tr><td>编制</td><td>×××</td><td>审核</td><td>××</td><td>批准</td><td>××</td><td>×年×月×日</td><td>共×页</td><td>第×页</td></tr>
</table>

项目五
孔　加　工

任务一　底座孔加工（一）

零件名称：底座（图样见图 5-1-1）
材料：45[#]
毛坯尺寸：100 mm×100 mm×35 mm

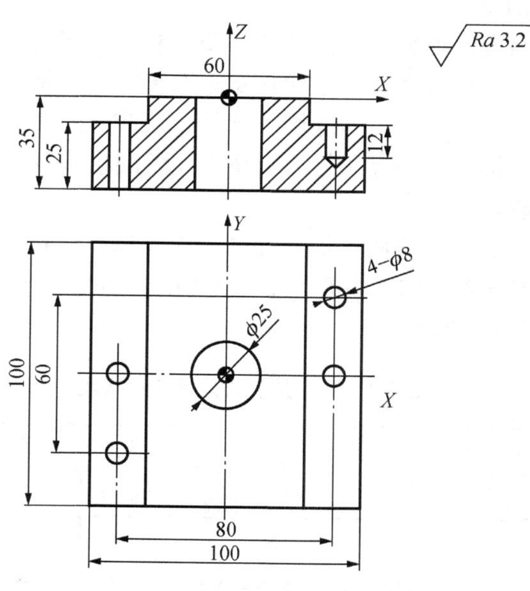

图 5-1-1　底座零件图样

任务内容

（1）制定底座孔加工工艺方案。
（2）编制底座孔加工程序。
（3）用数控铣床加工底座孔。

知识目标

（1）掌握钻孔加工指令（G81，G82，G83）的格式。

（2）掌握零件钻孔时的编程要点。

（3）掌握钻孔的加工工艺方法并能合理选择孔加工刀具。

技能目标

（1）能正确选用孔加工夹具和刀具。

（2）能正确的编写孔加工程序并进行程序输入、编辑、校验、加工。

评价方法

观察法，根据检测评价表评价学生过程成绩。

知识准备

一、孔加工工艺知识

1. 孔加工方法的选择

1）孔加工方法的选用原则

加工方法的选择原则是保证加工表面的加工精度和表面粗糙度要求。由于获得同一级精度及表面粗糙度的加工方法有多种，因而在实际选择时，要结合零件的形状、尺寸、批量、毛坯材料、毛坯热处理等情况合理选用。此外，还应考虑生产率和经济性的要求以及工厂的设备等实际情况。常用加工方法的加工精度和表面粗糙度可查阅相关工艺手册。

2）孔加工方法的选择

在数控铣床及加工中心上，常用于加工孔的方法有钻孔、扩孔、铰孔、镗孔、攻螺纹等。通常情况下，在数控铣床及加工中心上能较方便地加工出IT9～IT7级精度的孔，对于这些孔的推荐方法如表5-1-1所示。

表5-1-1　孔的加工方法推荐选择表

孔的精度	有无预孔	孔尺寸/mm				
		0～12	12～20	20～30	30～60	60～80
IT9～IT11	无	钻—铰	钻—扩		钻—扩—镗（或铰）	
	有	粗扩—精扩；粗镗—精镗（余量少可一次性扩孔或镗孔）				
IT8	无	钻—扩—铰	钻—扩—精镗（或铰）		钻—扩—粗镗—精镗	
	有	粗镗—半精镗—精镗（或精铰）				
IT7	无	钻—粗铰—精铰	钻—扩—粗铰—精铰		钻—扩—粗镗—半精镗—精镗	
	有	粗镗—半精镗—精镗（如仍达不到精度还可进一步采用精细镗）				

备注：

① 在加工直径小于 30 mm 且没有预孔的毛坯孔时，为了保证钻孔加工的定位精度，可选择在钻孔前先将孔口端面铣平或采用打中心孔的加工方法。

② 对于表 5-1-1 中的扩孔及粗镗加工，也可以采用立铣刀铣孔的加工方法。

③ 在加工螺纹孔时，先加工出螺纹底孔，对于直径在 M6 下的螺纹，通常不在加工中心上加工；对于直径在 M6～M20 的螺纹，通常采用攻螺纹的加工方法；对于直径在 M20 以上的螺纹，可采用螺纹镗刀镗削加工。

3）孔加工导入与超越量的确定

① 孔加工导入量（如图 5-1-2 中的ΔZ）是指在孔加工过程中，刀具自快进转为工进时，刀尖点位置与孔上表面之间的距离。导入量的具体值由工件表面的尺寸变化量确定，一般情况下取 3～10mm。当孔上表面为已加工表面时，导入量取较小值 2～5 mm。

② 孔加工超越量：钻不通孔时，超越量（如图 5-1-2 中的 $\Delta Z'$）大于等于钻尖高度 $Z_P=(D/2)\cos\alpha\approx 0.3D$；通孔镗孔时，刀具超越量取 1～3 mm；通孔铰孔时，刀具超越量取 3～5 mm；钻通孔时，刀具超越量取 Z_P+（1～3）mm。

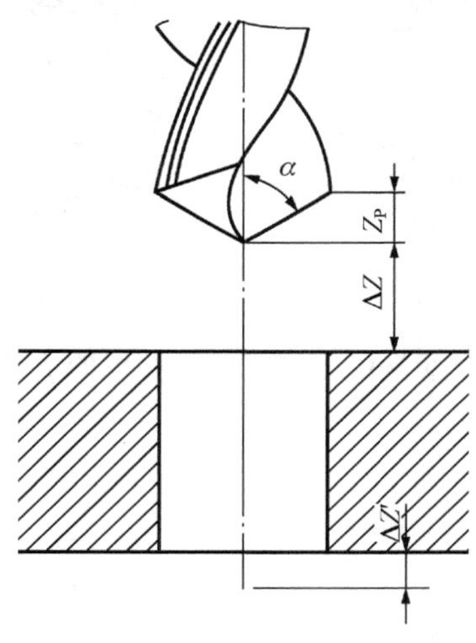

图 5-1-2 孔加工

2. 孔加工路线的选择

1）避免反向间隙产生的定位误差

对于孔位置精度要求较高的零件，在精镗孔系时，镗孔路线一定要注意各孔的定位方向一致，即采用单向趋近定位点的方法，以避免传动系统反向间隙误差或测量系统的误差对定位精度的影响。

从图 5-1-3 中不难看出，按加工顺序排列，方案（a）中由于第 4 个孔与前 3 个孔的定位方向相反，*X* 向的反向间隙会使定位误差增加，而影响第 4 个孔的位置精度。

在方案（b）中，按加工顺序排列，当加工完第 3 个孔后并没有直接在第 4 个孔（D 孔）处定位，而是多运动了一段距离，然后折回来在第 4 个孔处定位。这样前 3 个孔与第 4 个孔的定位方向是一致的，就可以避免引入反向间隙的误差，从而提高了第 4 个孔与各孔之间的孔距精度。

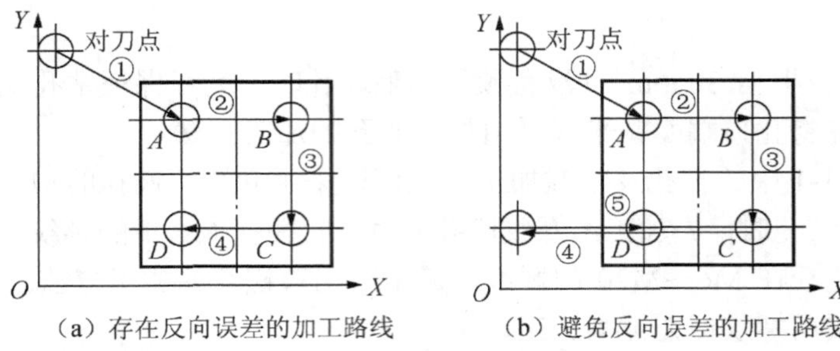

（a）存在反向误差的加工路线　（b）避免反向误差的加工路线

图 5-1-3　孔系加工路线

2）孔加工的最短进给路线

欲使刀具在 *XY* 平面上的走刀路线最短，必须保证各定位点间的路线的总长最短，减少刀具空行程时间，提高加工效率。如图 5-1-4 方案（b）可以节省时间，提高工作效率。注意线路上是否有干涉的夹具，应避让。

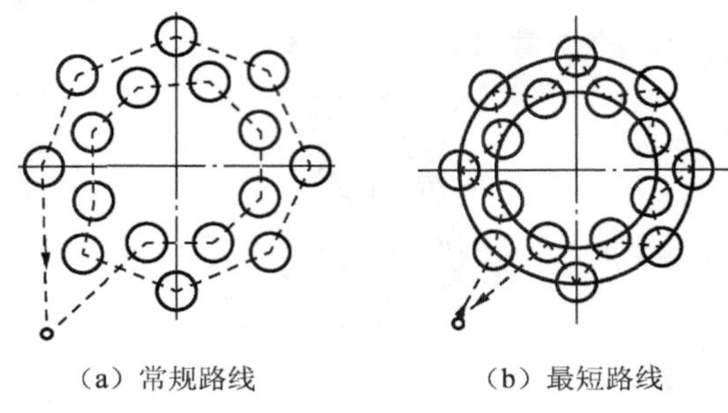
（a）常规路线　（b）最短路线

图 5-1-4　孔加工最短路线的选择

二、孔加工常用刀具

孔加工常用刀具如图 5-1-5 所示。

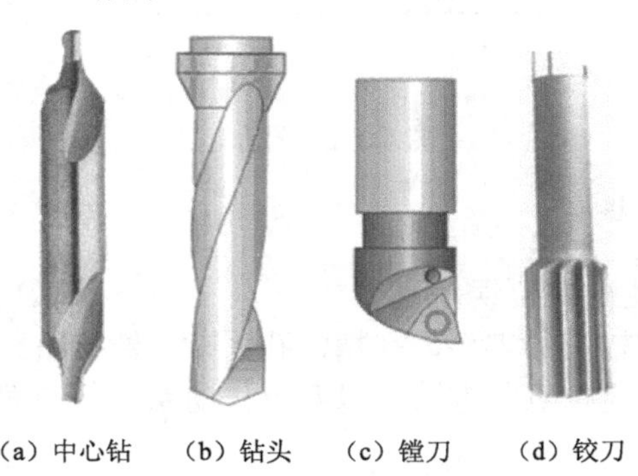
（a）中心钻　（b）钻头　（c）镗刀　（d）铰刀

图 5-1-5　孔加工常用刀具

中心钻：用来钻定位孔。

麻花钻：孔加工中应用最广泛的刀具，特别适合加工直径 30 mm 以内的孔。

镗刀：镗刀用于较大直径孔的粗精加工，加工精度可达 IT6～IT8，粗糙度达 *Ra*6.3～*Ra*0.8。

铰刀：孔的精加工和半精加工刀具，多齿刀具，槽底直径大，导向性和刚性好，加工余量小，制造精度高，结构完善，加工精度可达 IT6～IT8，表面粗糙度可达 *Ra*6.3～*Ra*0.2，加工范围一般为中小孔。

三、常用钻头的种类及选用

1. 钻头的分类

现在的各类钻头大都已经成为标准件，其分类如下，如图 5-1-6 所示。

1）按制作工艺分类

① 轧制钻。

② 磨制钻。

③ 轧抛钻。

④ 铣制钻。

2）按用途分类

① 直柄麻花钻。

② 锥柄麻花钻。

③ 等柄麻花钻。

（a）直柄麻花钻　　（b）锥柄麻花钻

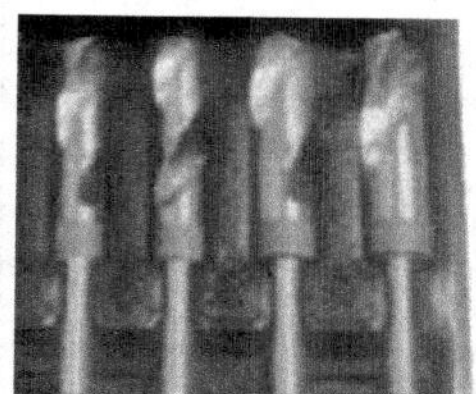

（c）等柄麻花钻

图 5-1-6　按用途分类的麻花钻

3）按材质分类

现在的材料工艺是日新月异，如果根据钻头所用的材料的不同来分类的话，与刀具类似，可以分为高速钢钻头、钴高速钢钻头、硬质合金钻头以及一些特殊材料钻头等，如图 5-1-7 所示。

（a）

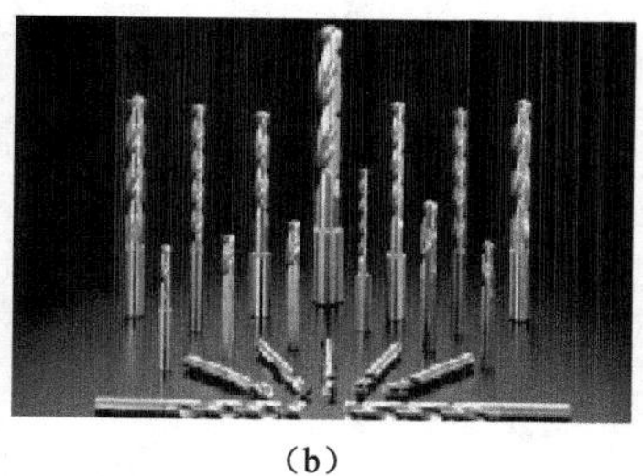

（b）

图 5-1-7　钻头

2. 钻头的选用

由于钻头只能进行钻削加工，因此可根据加工图纸中所需加工的孔的直径来选取钻头的大小。

四、孔加工循环动作

在数控加工中，某些如钻孔、镗孔的加工动作已典型化，其顺序是孔位平面定位、快速引进、切削进给、快速退回等，这一系列动作已预先编好程序，存储在内存中，可用包含 G 代码的一个程序调用从而简化了编程工作，这种包含典型动作循环的 G 代码称为循环指令。加工孔的固定循环指令如表 5-1-2 所示。

表 5-1-2　孔加工指令

G 代码		加工运动（Z 轴）	孔底动作	返回运动（Z 轴）	应用
钻孔指令	G81	切削进给	—	快速定位进给	普通钻孔循环
	G82	切削进给	暂停	快速定位进给	钻孔、锪镗循环
	G83	间歇切削进给	—	快速定位进给	深孔钻削循环
	G73	间歇切削进给	—	快速定位进给	高速深孔钻削
攻螺纹指令	G84	切削进给	暂停—主轴反转	切削进给	攻右旋螺纹
	G74	切削进给	暂停—主轴正转	切削进给	攻左旋螺纹
镗孔指令	G76	切削进给	主轴定向，让刀	快速定位进给	精镗循环
	G85	切削进给	—	切削进给	铰孔、粗镗削
	G86	切削进给	主轴停	快速定位进给	镗削循环
	G87	切削进给	主轴正转	快速定位进给	反镗削循环
	G88	切削进给	暂停—主轴停	手动或快速	镗削循环
	G89	切削进给	暂停	切削进给	铰孔、粗镗削
G80		—	—	—	取消固定循环

其固定循环动作通常由以下 6 个动作组成，如图 5-1-8 所示。

动作 1：X 轴和 Y 轴定位，刀具快速定位到孔加工的位置。

孔加工固定循环动作

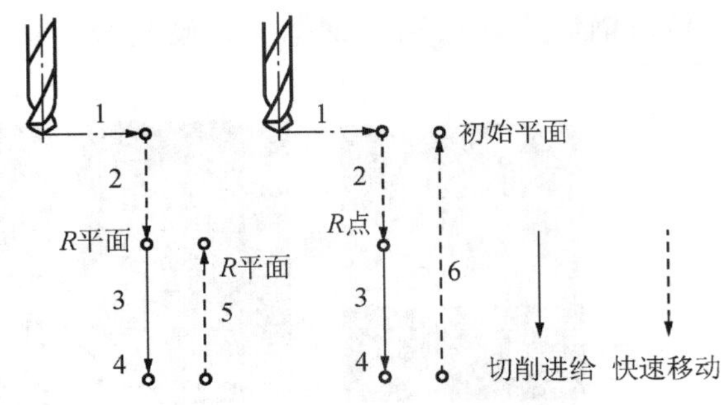

图 5-1-8　孔加工循环动作

动作 2：刀具从初始点快速移动到准备切削的位置即 *R* 点处。

动作 3：以设定的切削进给率进行孔加工。

动作 4：在孔底的动作，包括 *Z* 轴暂停，主轴准停，刀具移位等动作。

动作 5：返回到 *R* 点，继续下一步的孔加工。

动作 6：快速返回到初始点，孔加工完成后，一般应选择返回到初始点。

五、孔加工固定循环指令

1. 指令格式

G98/G99 G73～G89 G__ X__ Y__ Z__ R__ Q__ P__ F__ K__；

式中：G98——返回初始平面；

G99——返回 *R* 点平面；

G73～G89——孔加工指令；

X、Y——孔的位置；

Z——孔底位置；

R——参考平面的高度；

Q——每次进给深度（G73/G83）或刀具在轴上的反向位移增量（G76/G87）；

P——刀具在孔底的暂停时间，ms；

F——切削进给速度；

K——重复次数，未指定时默认为 1 次。

2. 指令说明

在孔加工循环结束后刀具的返回方式有返回初始平面和返回 *R* 平面两种方式，如图 5-1-9 所示。

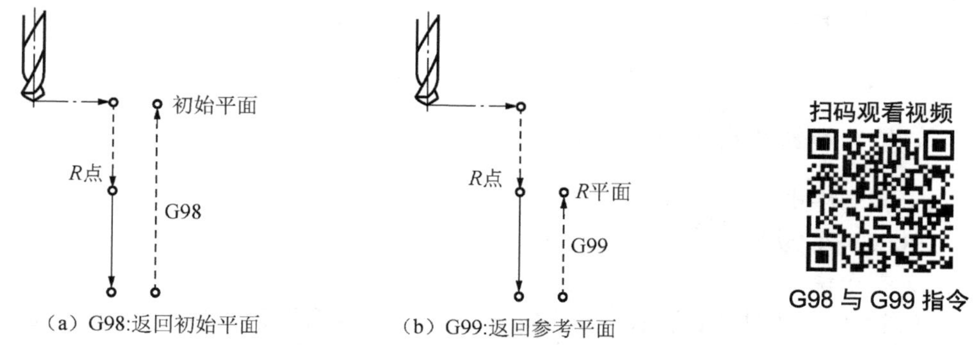

图 5-1-9　返回点平面的两种方式

G98 和 G99 指令的区别在于：G98 是孔加工完成后返回初始平面，为默认方式；G99 是孔加工完成后返回 *R* 平面。

六、钻孔加工循环指令

1. 钻孔和锪孔指令 G81

1）指令格式

G81 G98/G99 X__ Y__ Z__ R__ F__;

2）指令说明

X，Y——孔的位置；

Z——孔的深度；

F——进给速度（mm/min）；

R——参考平面的高度。

G98 和 G99 两个模态指令控制孔加工循环结束后刀具是返回初始平面还是参考平面；G98 返回初始平面，为缺省方式；G99 返回参考平面。

3）指令动作过程

① 钻头快速定位到孔加工循环起始点（*X*，*Y*）。

② 钻头沿 *Z* 方向快速运动到参考平面 *R*。

③ 钻孔加工。

④ 钻头快速退回到参考平面 *R* 或快速退回到初始平面。

图 5-1-10 所示为 G81 指令循环动作，该指令一般用于加工孔深小于 5 倍直径的孔。

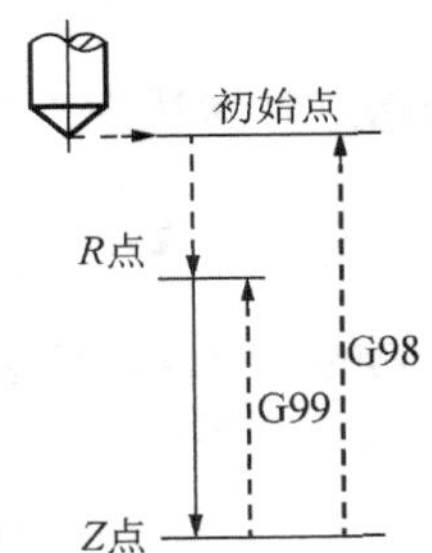

图 5-1-10　G81 指令循环动作

2. 钻孔和锪孔指令 G82

1）指令格式

G82 G98/G99 X__ Y__ Z__ R__ P__ F__;

2）指令说明

在指令中 P 为钻头在孔底的暂停时间，单位为 ms（毫秒），其余各参数的意义同 G81。

该指令在孔底加进给暂停动作，即当钻头加工到孔底位置时，刀具不做进给运动，并保持旋转状态，使孔底更光滑。G82 一般用于盲孔、扩孔和沉头孔加工。

3）指令动作过程

① 钻头快速定位到孔加工循环起始点（*X*，*Y*）。

② 钻头沿 *Z* 方向快速运动到参考平面 *R*。

③ 钻孔加工。

④ 钻头在孔底暂停进给。

⑤ 钻头快速退回到参考平面 *R* 或快速退回到初始平面。

3. 深孔往复排屑钻孔指令 G83

对于孔深大于 5 倍直径孔的加工由于是深孔加工，不利于排屑，故采用间段进给（分多次进给），每次进给深度为 *Q*，最后一次进给深度≤*Q*，退刀量为 *d*（由系统内部设定），直到孔底为止。

1）指令格式

G83 G98/G99 X__ Y__ Z__ R__ Q__ F__;

在指令中 *Q* 为每次进给深度为 *Q*，其余各参数的意义同 G81。

2）指令动作过程

① 钻头快速定位到孔加工循环起始点（X，Y）。

② 钻头沿 *Z* 方向快速运动到参考平面 *R*。

③ 钻孔加工，进给深度为 *Q*。

④ 退刀，退刀量为 *d*。

⑤ 重复③、④，直至要求的加工深度。

⑥ 钻头快速退回到参考平面 *R* 或快速退回到初始平面。

图 5-1-11（a）所示为该指令动作。

4. 高速深孔往复排屑钻孔指令 G73

对于孔深大于 5 倍直径孔的加工由于是深孔加工，不利于排屑，故采用间段进给（分多次进给），每次进给深度为 *Q*，最后一次进给深度≤*Q*，退刀量为 *d*（由系统内部设定），直到孔底为止。

1）指令格式

G73 G98/G99 X__ Y__ Z__ R__ Q__ F__;

在指令中 Q 为每次进给深度值，其余各参数的意义同 G83。

2）其动作过程如下：

① 钻头快速定位到孔加工循环起始点（*X*，*Y*）。

② 钻头沿 *Z* 方向快速运动到参考平面 *R*。

③ 钻孔加工，进给深度为 *Q*。

④ 退刀，退刀量为 *d*。

⑤ 重复③、④，直至要求的加工深度。

⑥ 钻头快速退回到参考平面 *R* 或快速退回到初始平面。

图 5-1-11（b）所示为该指令动作。

5. 取消固定循环 G80

取消固定循环可用 G80 指令，也可用 G00、G01、G02、G03 指令取消固定循环。

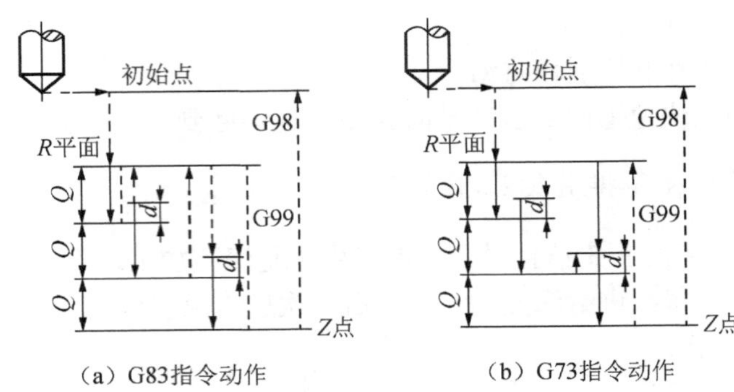

（a）G83指令动作　（b）G73指令动作

图 5-1-11　G83 指令动作和 G73 指令动作

【例 1】 使用 G81 编写程序加工如图 5-1-1 中的两个盲孔（加工程序可参考表 5-1-3）。

表 5-1-3　盲孔加工程序

绝对坐标编程	说明
O0001；	程序名
N10 G54 G00 Z50 ；	Z 轴抬至安全高度 50 mm
N20 S700 M3；	主轴正转，700 r/min
N30 G90 G00 X0 Y0 ；	快速定位到中心（X0，Y0）
N40 G81 G98 X40 Y30 Z-22 R-5 F60；	用 G81 孔循环指令加工 X40Y30 的孔
N50 X40 Y0；	加工（X40，Y0）的孔
N60 G00 Z50；	主轴抬高至安全高度 Z50
N70 G80；	取消孔循环指令
N80 M30；	程序结束并返回到程序首

【例 2】 使用 G83 编写程序加工如图 5-1-1 所示的两个通孔（加工程序可参考表 5-1-4）。

表 5-1-4　通孔加工程序

绝对坐标编程	说明
O0002；	程序名
N10 G54 G00 Z50 ；	Z 轴抬至安全高度 50 mm
N20 S700 M3；	主轴正转，700 转/分钟
N30 G90 G00 X0 Y0；	快速定位到中心（X0，Y0）
N40 G83 G98 X-40 Y0 Z-45 R-5 Q-3 F60；	用 G83 深孔循环指令加工（X-40，Y0）的孔
N50 X-40 Y-30；	加工（X-40，Y-30）的孔
N60 G00 Z50；	主轴抬高至安全高度 Z50
N70 G80；	取消孔循环指令
N80 M30；	程序结束并返回到程序首

任务实施

加工如图 5-1-1 所示零件，运用所学的编程指令，直接按图形编写孔加工程序。

步骤一　制定加工工艺

1. 零件图工艺分析

该零件为底座类零件，外形已加工成型；所用材料为 45#，材料硬度适中，便于加工；主要考虑的是位置精度，选择普通数控铣床加工就能达到要求。

2. 确定零件的装夹方式

由于该零件外形结构为矩形，宜用平口钳装夹。

3. 确定走刀路线

按从左到右，从上而下的顺序加工 4 个 ϕ8 mm 的孔。

4. 刀具的选择

选用 ϕ8 mm 钻头加工该工件上的孔。

5. 切削用量的选择

转速 S=700 r/min，进给量 F=60 mm/min。

6. 确定工件坐标系和对刀点

在 XY 平面内确定以工件中心为工件原点，Z 方向以工件上表面为工件原点，建立工件坐标系，如图 5-1-1 所示。

7. 填写数控加工工序卡

数控加工工序卡示例如图 5-1-12 所示。

<table>
<tr><td rowspan="2">工厂</td><td rowspan="2"></td><td rowspan="2" colspan="2">产品名称或代号</td><td colspan="2">零件名称</td><td colspan="2">材料</td><td>零件图号</td></tr>
<tr><td colspan="2">螺纹孔类零件</td><td colspan="2">45#</td><td>××</td></tr>
<tr><td>工序号</td><td>程序编号</td><td colspan="2">夹具编号</td><td colspan="4">使用设备</td><td>车间</td></tr>
<tr><td>××</td><td>×××</td><td colspan="2">×××</td><td colspan="4">×××××</td><td>××</td></tr>
<tr><td>工步号</td><td>工步
内容</td><td>夹具</td><td>刀具号</td><td>刀具
规格/mm</td><td>主轴转速
/（r/min）</td><td>进给速度
/（mm/min）</td><td>背吃刀量
/mm</td><td>备注</td></tr>
<tr><td>1</td><td>钻中心孔</td><td>平口钳</td><td>T01</td><td>φ2 中心钻</td><td>1500</td><td>60</td><td>5</td><td>××</td></tr>
<tr><td>2</td><td>钻 4 个φ8mm
底孔</td><td>平口钳</td><td>T02</td><td>φ8 麻花钻</td><td>700</td><td>60</td><td>30</td><td>××</td></tr>
<tr><td>编制</td><td>×××</td><td>审核</td><td>××</td><td>批准</td><td>××</td><td>×年×月×日</td><td>共 1 页</td><td>第 1 页</td></tr>
</table>

图 5-1-12　数控加工工序卡示例 5.1

步骤二　编写加工程序

编写加工程序可参考表 5-1-5。

表 5-1-5　底座孔加工程序

FANUC 系统	说明
O0003；	程序名
N010 G17 G54；	*XY* 加工平面，定 G54 为工件坐标系
N020 M03 S700；	主轴正转 700 r/min
N125 G90 G00 Z50；	绝对坐标编程，刀具至安全点
N030 G81 G98　X40 Y30 Z-22 R-15 F60；	用 G81 孔循环指令加工（*X*40，*Y*30）的孔 F60
N040 X40 Y0；	用 G81 孔循环指令加工（*X*40，*Y*0）的孔 F60
N050 G83 G98 X-40 Y0 Z-45 R-15 Q3 F60；	用深孔钻指令 G83 加工（*X*-40，*Y*0）孔 F60
N060 X-40 Y-30；	用深孔钻指令 G83 加工（*X*-40，*Y*-30）孔 F60
N070 G00 Z50；	快速抬刀至安全高度 *Z*50 mm
N080 G80；	取消钻循环
N090 M30；	程序结束并返回到程序首

扫码观看视频

底座孔（一）加工仿真

步骤三　工件加工

将程序输入机床数控系统，检验无误后加工合格的零件。

想一想：直接用钻头的直径能不能很好保证图纸上面孔的尺寸精度，如果图纸上孔的精度要求高的话，需要怎么做才能使图纸上孔的精度得到很好的保证？

步骤四　工件检测与评价

检测与评价表

班级			姓名		学号		
课题		底座孔加工			零件编号		5-1-1
	序号	检测内容	配分		学生自评	教师评价	问题及改进
编程	1	加工工艺制定正确	10				
	2	切削用量合理	5				
	3	程序正确、简洁、规范	10				
	4	设备操作、维护保养正确	5				
操作	5	安全、文明生产	10				
	6	刀具选择、安装正确、规范	5				
	7	工件找正、安装正确、规范	5				

续表

	序号	检测内容	配分	学生自评	教师评价	问题及改进
工作态度	8	行为规范、纪律表现	5			
	9	刀具，量具，工具摆放规范	5			
尺寸检测	10	ϕ25 mm	5			
	11	4－ϕ8 mm	5			
	12	60	5			
	13	80	5			
粗糙度	14	孔的尺寸精度及表面粗糙度	10			
加工时间	15	在规定时间完成（300 min）	10			
综合得分						

任务二 底座孔加工（二）

零件名称：底座（图样见图 5-2-1）
材料：45#
毛坯尺寸：100 mm×100 mm×35 mm

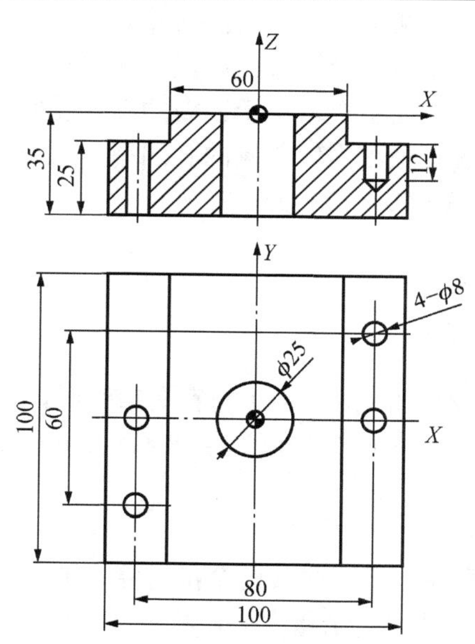

图 5-2-1 底座零件图样

任务内容

（1）制定底座孔加工工艺方案。

（2）编制底座孔加工程序。

（3）用数控铣床加工底座孔。

知识目标

（1）用钻孔加工指令（G81）完成铰孔。
（2）掌握铰孔的加工工艺。
（3）掌握长度补偿指令及自动换刀的加工技巧。

技能目标

（1）能正确选用孔加工夹具和刀具。
（2）能正确的编写孔加工程序并进行程序输入、编辑、校验、加工。

评价方法

观察法，根据检测表评价学生成绩。

知识准备

一、扩孔与铰孔的定义

扩孔是用以扩大已加工出的孔（铸出、锻出或钻出的孔）。它可以校正孔的轴线偏差，并使其获得正确的几何形状和较小的表面粗超度，其加工精度一般为 IT9～IT10 级，表面粗糙度 Ra=3.2～6.3 μm。扩孔的加工余量一般为 0.2～4 mm。

铰孔是用铰刀从工件壁上切除微量的金属层，以提高孔的尺寸精度和表面质量的加工方法。其精度不取决于机床的精度，而主要取决于铰刀的精度和安装方式以及加工余量、切削用量和切削液等条件，因此铰孔是应用较普遍的孔的精加工方法之一，其加工精度可以达到 IT6～IT7 级，表面粗糙度 Ra=0.4～0.8 μm。

二、铰孔切削用量的确定

1. 铰刀的切削速度和进给量

采用普通的高速钢铰刀进行铰孔加工，当加工材料是铸铁时，切削速度 V_c≤10 m/min，进给量 f≤0.8 mm/r；当加工材料为钢材时，切削速度 V_c≤8 m/min，进给量 f≤0.4 mm/r。

2. 铰削余量

铰削余量应适中。余量太小会使上道工序残留余量去除不掉，使铰孔质量达不到要求，且铰刀啃刮现象严重，增加刀具的磨损；余量太大，将破坏铰削过程的稳定性，增加切削热，铰刀直径胀大，孔径也会随之变大，且会增大加工表面的粗糙度。

一般铰削余量为 0.1～0.25 mm，对于较大直径的孔，余量不能大于 0.3 mm。有一种经验建议留出铰刀直径 1%～3%大小的厚度作为铰削余量（直径值），如ϕ20 mm 的铰刀，加工ϕ19.6 mm 左右的孔直径比较合适。20−（20×2/100）=19.6（mm），对于硬材料和一些航空材料，铰孔的余量通常取的更小。

三、刀具长度补偿指令

在自动换刀加工零件的过程中，刀具在安装后的长短各不相同。为了实现采用不同长度的刀具在同一工件坐标系加工零件的目的，通常在加工中心的编程中采用刀具长度补偿指令。

1. 刀具长度补偿的定义

刀具长度补偿是用来补偿假定的刀具长度与实际的刀具长度之间的差值的指令。系统规定所有轴都可采用刀具长度补偿，但同时规定刀具补偿只能加在一个轴上，要对补偿轴进行切换，必须先取消前面轴的刀具长度补偿，如图 5-2-2 所示。

2. 刀具长度补偿指令及说明

根据补偿方向不同，刀具长度补偿可以分为刀具长度正补偿和刀具长度负补偿。

1）指令格式

G43 G00/01　Z__ H__；（实现刀具长度正补偿）

G44 G00/01　Z__ H__；（实现刀具长度负补偿）

2）指令说明

（1）在 *Z* 向运动中建立刀具长度补偿时必须使用一条 *Z* 向移动类指令引导。

（2）刀具长度补偿号由 H 后加两位数字表示，用于指明刀具长度偏置寄存器的地址。寄存器中的内容为刀具 *Z* 向偏移量（补偿量），而该补偿量是预先测量好后，在数控系统参数中人工设定的。

G43 表示刀具长度加补偿，G43 偏置寄存器中的刀具长度偏移量=实际刀具长度−编程假设的刀具长度（通常将编程假设的刀具长度设定为 0）。G44 表示刀具长度减补偿，G44 偏置寄存器中的刀具长度偏移量=编程假设的刀具长度−实际刀具长度。因此，寄存器中的刀具长度补偿值既可以是正直也可以是负值。

（3）在程序调用补偿号时，一般情况下一把刀具匹配一个与其刀具号对应的刀具长度补偿号。通常情况下，为了防止出错，最好采用相同的刀具号与刀具偏置寄存器号。如“H01”表示调用 01 号刀具长度偏置寄存器中的偏移量。

（4）在指令执行过程时，系统首先根据 G43 和 G44 指令将指令要求的 *Z* 向移动量与偏置寄存器中的刀具长度补偿值作相应的“+”（G43）和“−”（G44）运算，计算出刀具的实际移动值，然后命令刀具做相应的运动。

例如：在图 5-2-2 所示，采用 G43 指令编程，其指令格式及指令执行过程中刀具和实际移动量如下。

采用 G43 编程时，输入 1 号刀具偏置寄存器中的刀具长度补偿值（H01）=实际刀具长度-编程假设的刀具长度=20（mm）；与此相对应，（H02）=60 mm；（H03）=40 mm。

刀具 1：G43 G01 Z-100 H01 F100；

刀具的实际移动量=−100+20=−80（mm），刀具向下移 80 mm。

刀具 2：G43 G01 Z-100 H02 F100；

刀具的实际移动量=−100+60=−40（mm），刀具向下移 40 mm。

刀具 3：G43 G01 Z-100 H03 F100；

刀具的实际移动量=−100+40=−60（mm），刀具向下移 60 mm。

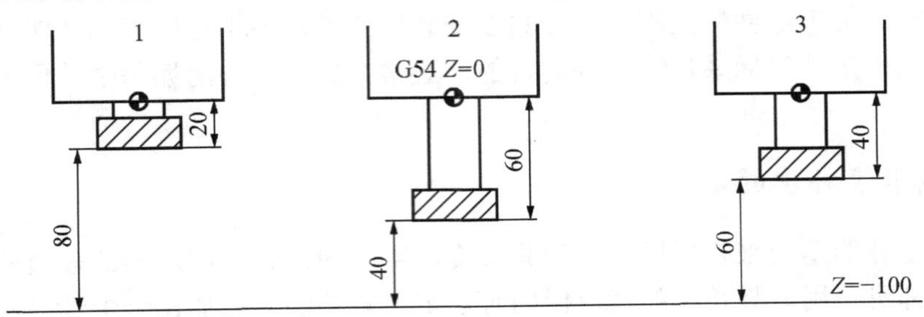

图 5-2-2　刀具长度补偿

注意：

（1）H 后面的数字不是补偿值，而是调用的补偿号，真正的补偿值是该补偿号所对应的寄存器中的数值。

（2）由于在建立刀具长度补偿的过程中刀具会自动沿 Z 向偏移，为避免刀具在进行自动补偿过程中与工件或夹具干涉，必须保证在安全高度上建立刀具补偿。

（3）在实际编程过程中，为了避免发生编程差错，常采用 G43 的指令格式，其刀具长度补偿值通常为正值，表示实际的刀具长度比编程假想刀具长度长。

3. 取消刀具长度补偿指令 G49

在不需要长度补偿时，可以使用取消长度补偿指令 G49 取消已建立的补偿。

1）指令格式

G49 G00/G01 Z __；

2）指令说明

（1）后建立的长度补偿也可以取消之前建立的补偿，新补偿值会自动替代原来的补偿值，且不会造成补偿值的叠加。

（2）在 *Z* 向运动中取消刀具长度补偿时必须使用一条 *Z* 向移动类指令引导取消过程。

（3）取消长度补偿时，不用添加长度补偿号。若建立刀具长度补偿时，补偿号为 H00 也意味着取消刀具长度补偿值，如“G44 G01 Z10 H00”。

4. 刀具长度补偿的应用

立式加工中心中，刀具长度补偿功能常被辅助用于工件坐标系零点偏置的设定，即用 G54 设定工件坐标系时，仅在 *XY* 平面内进行零点偏移，而 *Z* 方向不偏移，*Z* 方向刀具刀位点与工件坐标系 *Z*0 平面之间的差值全部通过刀具长度补偿值来解决，如图 5-2-3 所示。

G54 设定工件坐标系时，*Z* 向偏移值为 0。刀具对刀时，将刀具的刀位点 *Z* 向移动到工件坐标系 *Z*0 处，将屏幕显示的机床坐标系 *Z* 向坐标值直接输入该刀具的长度补偿寄存器中。这时，1 号刀具长度补偿寄存器中的长度补偿值（H01）=−140 mm；（H02）=−100 mm；（H03）=−120 mm；其编程格式如下。

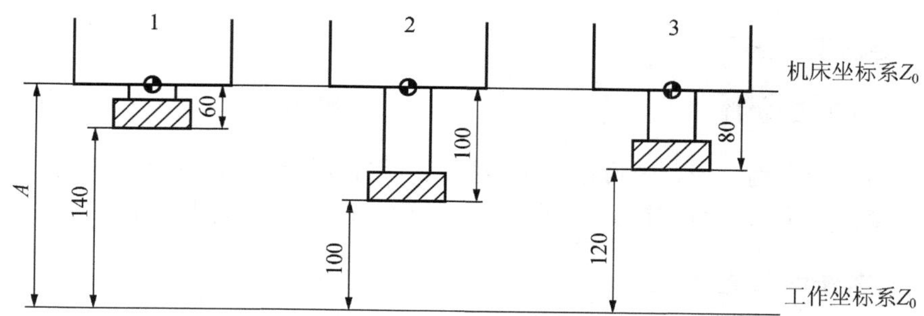

图 5-2-3　刀具长度补偿的应用

```
...
T01 M06;
G43 G00 Z50 H01 F50 M03 S500;
...
G49 G00 Z10;
T01 M06;
G43 G00 Z50 H02 F50 M03 S500;
...
```

四、自动换刀指令

由于加工中心拥有刀库，允许自动换刀，因此在生产过程中可以通过自动换刀指令达到一次装夹的情况下，能先后用两把甚至多把的刀一次性将工件加工完成。其指令格式为：M06;

1）有机械手换刀

简单点分为两类，一类是与 T 指令在同一程序段中，例如：G91 G28 Z0 T12 M06；其中 12 号刀是下次要换的刀具，另一类是与 T 指令不在同一程序段中，先选刀再换刀，不容易混淆。

【例】

```
G91 G28 Z0 T12;
M06;
```

2）没有机械手换刀

对于一些带有转盘式刀库且不用机械手换刀的加工中心，其换刀程序为 M06 T07；执行该指令，首先执行 M06 指令，主轴上的刀具与当前刀库中处于换刀位置的空刀位进行交换。然后刀库转位寻刀，将 7 号刀转换到当前的换刀位置再次执行 M06 指令，将 7 号刀装入主轴。因此此换刀指令每次都试执行两次 M06 指令。

任务实施

加工如图 5-2-1 所示零件，运用所学的编程指令，直接按图形编写孔加工程序。

步骤一 制定加工工艺

1. 零件图工艺分析

该零件的外轮廓为方形，外形已加工成型；所用材料为45#，材料便于加工；主要考虑的是位置精度，其由所选数控铣床保证，尺寸精度由所用的刀具来保证。

2. 确定零件的装夹方式

由于该零件外形结构为矩形，宜用平口钳装夹。

3. 确定走刀路线

按从右到左，从上而下的顺序加工 2 个ϕ10 mm 的盲孔和 2 个ϕ10 mm 的通孔。

4. 刀具的选择

选用ϕ9.7 mm 钻头粗加工，用ϕ10 mm 铰刀精加工。

5. 切削用量的选择

钻孔时：转速 S=700 r/min，进给量 F=60 mm/min；
铰孔时：转速 S=260 r/min，进给量 F=70 mm/min。

6. 确定工件坐标系和对刀点

在 XY 平面内确定以工件中心为工件原点，Z 方向以工件上表面为工件原点，建立工件坐标系，如图 5-2-1 所示。

7. 填写数控加工工序卡

示例如图 5-2-4 所示。

<table>
<tr><td rowspan="2">工厂</td><td rowspan="2"></td><td colspan="2" rowspan="2">产品名称或代号</td><td>零件名称</td><td colspan="4">材料</td><td>零件图号</td></tr>
<tr><td>螺纹孔类零件</td><td colspan="4">45#</td><td>××</td></tr>
<tr><td>工序号</td><td>程序编号</td><td colspan="2">夹具编号</td><td colspan="5">使用设备</td><td>车间</td></tr>
<tr><td>××</td><td>×××</td><td colspan="2">×××</td><td colspan="5">×××××</td><td>××</td></tr>
<tr><td>工步号</td><td>工步
内容</td><td>夹具</td><td>刀具号</td><td>刀具
规格/mm</td><td>主轴转速
/（r/min）</td><td>进给速度
/（mm/min）</td><td>背吃刀量
/mm</td><td></td><td>备注</td></tr>
<tr><td>1</td><td>钻中心孔</td><td>平口钳</td><td>T01</td><td>A2 中心钻</td><td>1500</td><td>60</td><td>5</td><td></td><td>××</td></tr>
<tr><td>2</td><td>钻底孔</td><td>平口钳</td><td>T02</td><td>ϕ9.7
麻花钻</td><td>700</td><td>60</td><td></td><td></td><td>××</td></tr>
<tr><td>3</td><td>铰 2 个ϕ10 mm
销孔</td><td>平口钳</td><td>T03</td><td>ϕ10 铰刀</td><td>260</td><td>70</td><td>30</td><td></td><td></td></tr>
<tr><td>编制</td><td>×××</td><td>审核</td><td>××</td><td>批准</td><td>××</td><td>×年×月×日</td><td>共 1 页</td><td></td><td>第 1 页</td></tr>
</table>

图 5-2-4 数控加工工序卡 5-2

步骤二　编写加工程序

引孔、钻孔和铰孔的加工程序见表 5-2-1。

表 5-2-1　加工程序

程序	说明
O0004；	程序名
N10 G17 G54 ；	*XY* 加工平面，定 G54 为工件坐标系
G9/G28 Z0；	*Z* 轴回零为换刀做准备
N20 T01 M06；	将换中心钻通过换刀指令换至主轴上
N020 M03 S1500 M7；	主轴正转 1500 r/min
N125 G90 G00 G43 H01 Z50.0；	绝对坐标编程，刀具至安全点
N030 G81 G98 X40 Y30 Z-17 R-8 F60；	用钻孔指令 G81 引（*X*40，*Y*30）孔 *F*60
N040 X40 Y0；	用钻孔指令 G81 引（*X*40，*Y*0）孔 *F*60
N050 X-40 Y0 ；	用钻孔指令 G81 引（*X*−40，*Y*0）孔 *F*60
N060 X-40 Y-30 ；	用钻孔指令 G81 引（*X*−40，*Y*−30）孔 *F*60
N070 G49 G00 Z0 M05；	取消刀具长度补偿并移动至 *Z* 轴零点
N080 G91 G28 Z0；	*Z* 轴回零，为换刀做准备
N090 T02 M06；	换ϕ9.7 mm 钻头，准备钻孔
N100 S700 M3 G90；	主轴正转 700 r/min
N110 G81 G98X40 Y30 Z-30 R-8 F60 M7；	用钻孔指令 G81 扩孔 *F*60
N120 X40 Y0；	用钻孔指令 G81 扩孔 *F*60
N130 G81 G98 X-40 Y0 Z-45 F60 ；	用钻孔指令 G81 扩孔 *F*60
N140 X-40 Y-30 ；	用钻孔指令 G81 扩孔 *F*60
N150 G00 G49 Z0 M05；	取消刀具长度补偿并移动至 *Z* 轴零点
N160 G91 G28 Z0；	刀具 *Z* 轴回零，为换刀做准备
N170 T03 M06；	换ϕ10 mm 铰刀，准备铰孔
N180 S260 M3 G90 ；	主轴正转 260 r/min
N190 G81 G98 X40 Y30 Z-22 R-8 F70 M7 ；	用钻孔指令 G81 铰ϕ10 mm 盲孔 *F*70
N200 X40 Y0 ；	用钻孔指令 G81 铰ϕ10 mm 盲孔 *F*70
N210 G81 G98X-40 Y0 Z-40 R-8 F70 ；	用钻孔指令 G81 铰ϕ10 mm 通孔 *F*70
N220 X-40 Y-30 ；	用钻孔指令 G81 铰ϕ10 mm 通孔 *F*70
N230 G0 G49 Z0 M5 ；	取消刀具长度补偿并移动至 *Z* 轴零点
N240 G80 ；	取消钻循环
N250 M30 ；	程序结束

扫码观看视频

底座孔（二）加工仿真

步骤三　工件加工

将程序输入机床数控系统，检验无误后加工合格的零件。

想一想：如果是铰盲孔的话，会遇到什么问题，需要注意些什么？

步骤四　工件检测与评价

检测与评价表

班级			姓名		学号		
课题		底座孔加工			零件编号		图 5-2-1
	序号	检测内容		配分	学生自评	教师评价	问题及改进
编程	1	加工工艺制定正确		10			
	2	切削用量合理		5			
	3	程序正确、简洁、规范		10			
	4	设备操作、维护保养正确		5			
操作	5	安全、文明生产		10			
	6	刀具选择、安装正确、规范		5			
	7	工件找正、安装正确、规范		5			
工作态度	8	行为规范、纪律表现		10			
零件完成	9	刀具，量具，工具摆放规范		20			
粗糙度	10	孔的尺寸精度及表面粗糙度		10			
加工时间	11	在规定时间完成（300 min）		10			
综合得分							

任务三　镗孔加工

零件名称：连接块（图样见图 5-3-1）
材料：45#
毛坯尺寸：100 mm×100 mm×30 mm

任务内容

（1）制定所示零件中 4-ϕ33 mm 通孔和 8-ϕ40 mm 盲孔加工工艺方案。

（2）编制孔加工程序。

（3）用数控铣床加工连接块的孔。

知识目标

（1）掌握镗孔加工指令 G85、G86、G89、G76、G87 的格式。

（2）掌握图 5-3-1 所示零件镗孔时的编程要点。

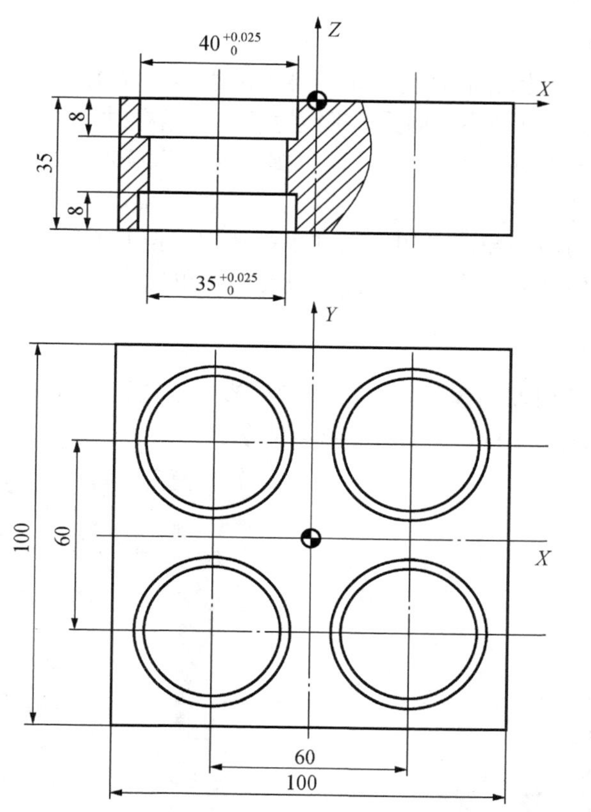

图 5-3-1 连接块零件图样

技能目标

（1）能正确选用孔加工夹具和刀具。
（2）能正确的编写孔加工程序并进行程序输入、编辑、校验、加工。

评价方法

观察法，根据检测评价表评价学生过程成绩。

知识准备

在数控加工中，镗孔是对孔进行进一步镗削加工，镗孔可扩大孔径，提高精度，减小表面粗糙度，还可以较好地纠正原来孔轴线的偏斜。镗孔可以分为粗镗、半精镗和精镗。精镗孔的尺寸精度可达IT8～IT7，表面粗糙度 *Ra* 值 1.6～0.8μm。

一、镗孔刀具介绍

镗孔一般用镗刀，镗刀一般分为粗镗刀和精镗刀。粗镗刀有单刃和双刃的，精镗刀一般为单刃。

1. 单刃镗刀

单刃镗刀可镗削通孔、阶梯孔和盲孔。单刃镗刀刚性差，切削时易引起振动，因此，一般选用主偏角较大的镗刀，以减小径向力。粗镗铸铁孔或精镗时，主偏角 k_r 一般取 90°；粗镗钢件孔时，主偏角 k_r 一般取 60°～75°，以提高刀具的寿命，如图 5-3-2 和图 5-3-3 所示。

单刃镗刀结构简单，适应性较广，粗、精加工都适用。但其所镗孔径的大小要靠调整刀具的悬伸长度来保证，但调整麻烦，效率低，只能用于单件小批生产。

2. 双刃镗刀

镗削大直径的孔时可选用双刃镗刀。这种镗刀头部可以在较大范围内进行调整，且调整方便，最大镗孔直径可达 1000 mm，如图 5-3-4 所示。

图 5-3-2　单刃精镗刀

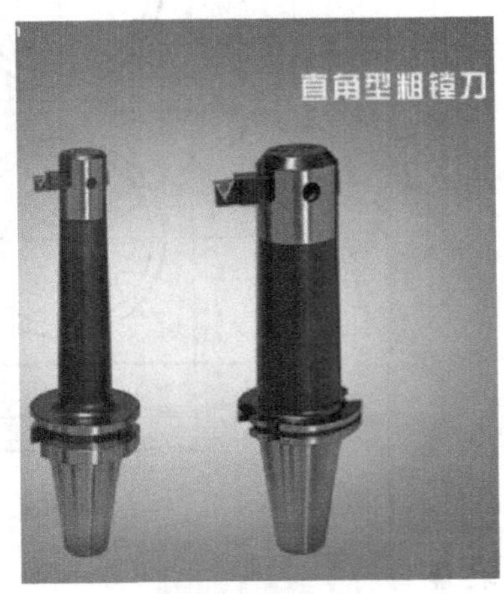

图 5-3-3　单刃粗镗刀

图 5-3-4　双刃粗镗刀

双刃镗刀的两端有一对对称的切削刃同时参与切削，与单刃镗刀相比，每转进给量可提高一倍左右，生产效率高，同时，可以消除径向切削力对镗杆的影响。

注意：镗孔刀具刀刃尖伸出量最好在对刀仪上调整，若用试切法调整会占用机床工时。

3. 镗孔刀具的选择

选择镗孔刀具时需考虑以下几个要点。

（1）在不影响排屑的情况下，尽可能选择大的刀杆直径，接近镗孔直径。

（2）尽可能选择短的刀杆臂（工作长度）。加工大孔可用减振刀杆。

（3）主偏角（切入角）k_r一般取 75°～90°。

（4）选择涂层的刀片品种（刀刃圆弧小）和小的刀尖圆弧半径（0.2 mm）。

（5）精加工时采用正切削刃（正前角）刀片的刀具，粗加工时采用负切削刃刀片的刀具。

（6）镗深的盲孔时，采用压缩空气或冷却液来排屑和冷却。

（7）选择定位准确、可靠，装夹迅速的镗刀柄夹具。

二、镗孔加工循环指令 G85

1. 指令格式

G85 G98/G99 X__ Y__ Z__ R__ F__；

2. 指令说明

各参数的意义同 G81。

3. 指令动作过程

扫码观看视频

G85 与 G86 指令

（1）镗刀快速定位到镗孔加工循环起始点（*X*，*Y*）。

（2）镗刀沿 *Z* 方向快速运动到参考平面 *R*。

（3）镗孔加工。

（4）镗刀以进给速度退回到参考平面 *R* 或初始平面。

指令动作如图 5-3-5 所示。

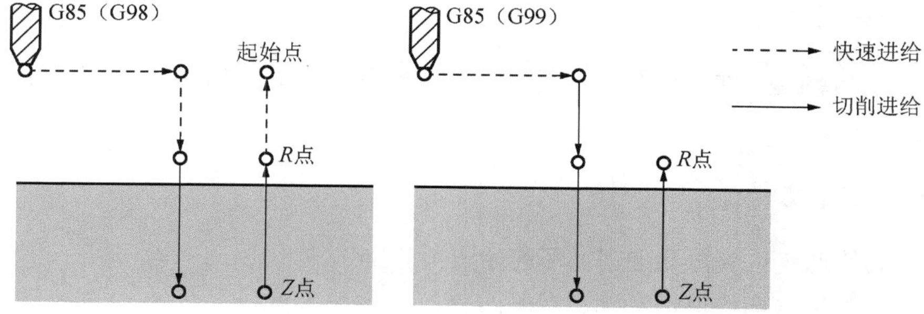

图 5-3-5　G85 指令动作

三、镗孔加工循环指令 G86

1. 指令格式

G86 G98/G99 X__ Y__ Z__ R__ F__；

2. 指令说明

与 G85 的区别是：在到达孔底位置后，主轴停止，并快速退出。各参数的意义同 G85。

3. 指令动作过程

（1）镗刀快速定位到镗孔加工循环起始点（X，Y）。
（2）镗刀沿 Z 方向快速运动到参考平面 R。
（3）镗孔加工。
（4）主轴停，镗刀快速退回到参考平面 R 或初始平面。
指令动作如图 5-3-6 所示。

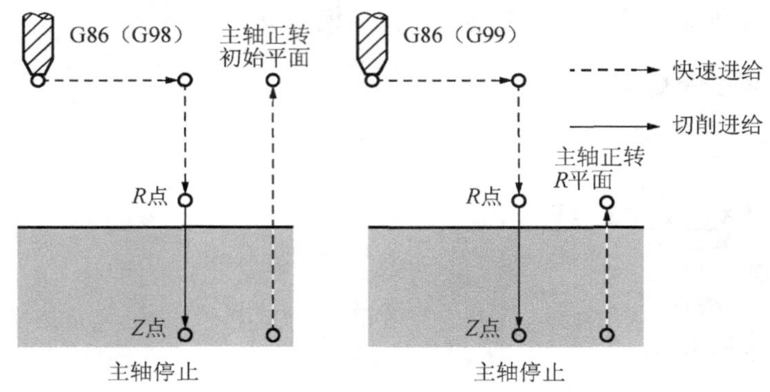

图 5-3-6 G86 指令动作

四、镗孔加工循环指令 G89

1. 指令格式

G89 G98/G99 X__ Y__ Z__ R__ P__ F__；

2. 指令说明

与 G85 的区别是：在到达孔底位置后，进给暂停。P 为暂停时间，单位为 ms，其余参数的意义同 G85。

3. 指令动作过程

（1）镗刀快速定位到镗孔加工循环起始点（X，Y）。
（2）镗刀沿 Z 方向快速运动到参考平面 R。
（3）镗孔加工。
（4）进给暂停。
（5）镗刀以进给速度退回到参考平面 R 或初始平面。
该指令动作如图 5-3-7 所示。

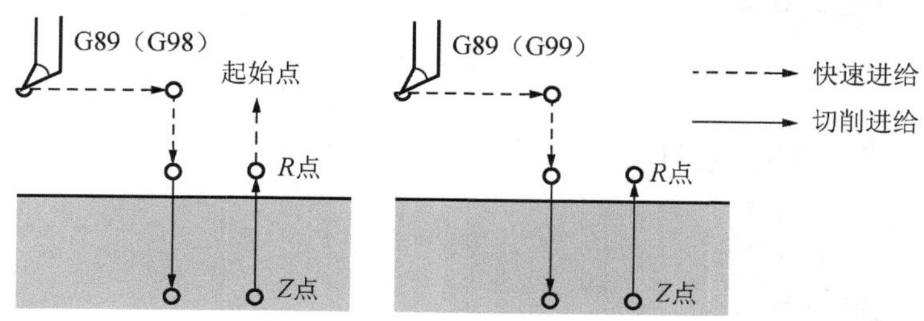

图 5-3-7 G89 指令动作

五、精镗加工循环指令 G76

1. 指令格式

G76 G98/G99 X__ Y__ Z__ R__ P__ Q__ F__;

2. 指令说明

与 G85 的区别是：G76 在孔底有 3 个动作：进给暂停、主轴准停（定向停止）、刀具沿刀尖的反向偏移 Q 值，然后快速退出。这样保证刀具不划伤孔的表面。P 为暂停时间，单位为 ms，Q 为偏移值，其余各参数的意义同 G85。

3. 指令动作过程

（1）镗刀快速定位到镗孔加工循环起始点（X，Y）。

（2）镗刀沿 Z 方向快速运动到参考平面 R。

（3）镗孔加工。

（4）进给暂停、主轴准停、刀具沿刀尖的反向偏移。

（5）镗刀快速退出到参考平面 R 或初始平面。

该指令动作如图 5-3-8 所示。

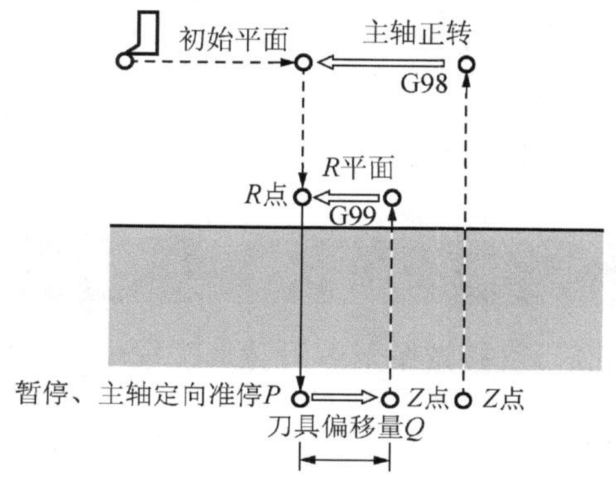

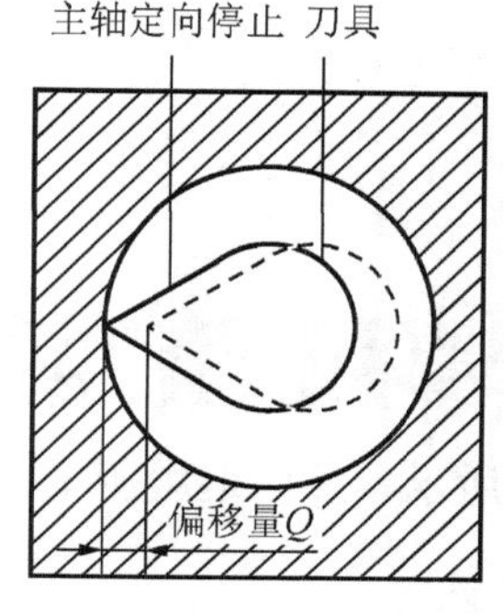

图 5-3-8 G76 指令动作

六、反镗加工循环指令 G87

1. 指令格式

G87 G98/G99 X__ Y__ Z__ R__ Q__ F__；

2. 指令说明

各参数的意义同 G76。

3. 指令动作过程

（1）镗刀快速定位到镗孔加工循环起始点（*X*，*Y*）。
（2）主轴准停、刀具沿刀尖的反方向偏移。
（3）快速运动到孔底位置。
（4）刀尖正方向偏移回加工位置，主轴正转。
（5）刀具向上进给，到制定点。
（6）主轴准停，刀具沿刀尖的反方向偏移 *Q* 值。
（7）镗刀快速退出到初始平面。
（8）沿刀尖正方向偏移。
该指令的动作如图 5-3-9 所示。

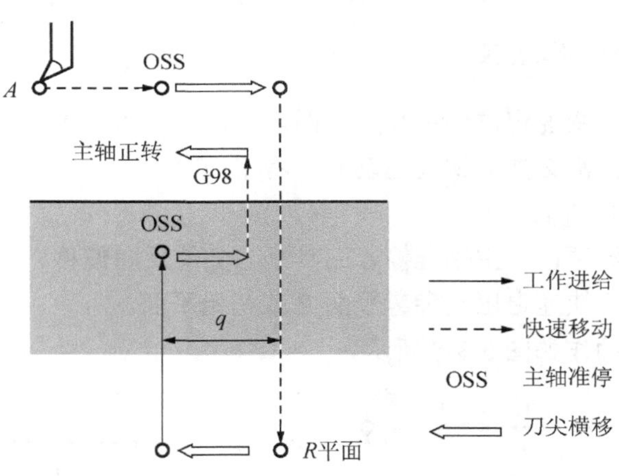

图 5-3-9　G87 指令动作

任务实施

加工如图 5-3-1 所示零件，运用所学的编程指令，直接按图形编写孔加工程序。

步骤一　制定加工工艺

1. 零件图工艺分析

该零件的外轮廓为方形，外形已加工成型；所用材料为 45#，材料便于加工；主要考虑

的是所镗孔的位置，其选数控铣床保证，尺寸精度由所用的镗刀来保证。毛坯上的各个孔都已经粗加工到位，单边留有精加工余量。

2. 确定零件的装夹方式

由于该零件外形结构为矩形，宜用平口钳装夹。

3. 确定走刀路线

按从左到右，从上而下的顺序镗 4 个ϕ35mm 的通孔，正面镗 4-ϕ40×8 mm 孔，背镗 4-ϕ40×8 mm 孔。

4. 刀具的选择

选用精镗刀镗削 4-ϕ35 mm 通孔，用ϕ10 mm 铰刀精加工。

5. 切削用量的选择

镗通孔时：转速 S=800 r/min，进给量 F=80 mm/min
镗盲孔时：转速 S=600 r/min，进给量 F=70 mm/min

6. 确定工件坐标系和对刀点

在 XY 平面内确定以工件中心为工件原点，Z 方向以工件上表面为工件原点，建立工件坐标系。

7. 填写数控加工工序卡

示例如图 5-3-10 所示。

<table>
<tr><td rowspan="2">工厂</td><td rowspan="2"></td><td rowspan="2">产品名称或代号</td><td colspan="2">零件名称</td><td colspan="3">材料</td><td>零件图号</td></tr>
<tr><td colspan="2">镗孔类零件</td><td colspan="3">45#</td><td>××</td></tr>
<tr><td>工序号</td><td>程序编号</td><td colspan="2">夹具编号</td><td colspan="4">使用设备</td><td>车间</td></tr>
<tr><td>××</td><td>×××</td><td colspan="2">×××</td><td colspan="4">×××××</td><td>××</td></tr>
<tr><td>工步号</td><td>工步
内容</td><td>夹具</td><td>刀具号</td><td>刀具
规格/mm</td><td>主轴转速
/（r/min）</td><td>进给速度
/（mm/min）</td><td>背吃刀量
/mm</td><td>备注</td></tr>
<tr><td>1</td><td>精镗 4-ϕ35 mm 通孔</td><td>平口钳</td><td></td><td>ϕ10mm 铰刀</td><td>800</td><td>80</td><td></td><td>××</td></tr>
<tr><td>2</td><td>精镗 4-ϕ40mm 孔</td><td>平口钳</td><td></td><td>ϕ10mm 铰刀</td><td>600</td><td>70</td><td></td><td>××</td></tr>
<tr><td>3</td><td>反镗 4-ϕ40mm 孔</td><td>平口钳</td><td></td><td>ϕ10mm 铰刀</td><td>600</td><td>70</td><td></td><td></td></tr>
<tr><td>编制</td><td>×××</td><td>审核</td><td>××</td><td>批准</td><td>××</td><td>×年×月×日</td><td>共 1 页</td><td>第 1 页</td></tr>
</table>

图 5-3-10　数控加工工序卡示例 5.3

步骤二　编写加工程序

1. 镗削 4-ϕ35 mm 通孔程序

编写加工程序可参考表 5-3-1。

表 5-3-1　通孔程序

FANUC 系统	说明
O0004;	程序名
N010 G17 G54 ;	*XY* 加工平面，定 G54 为工件坐标系
N020 M03 S800 ;	主轴正转 700 r/min
N25 G90 G00 Z50.0;	绝对坐标编程，刀具至安全点
N030 G76 G98 X-30 Y30 Z-35 R5Q0.5F80;	用精镗指令 G76 加工（*X*-30，*Y*30）孔
N040 X-30 Y-30;	用精镗指令 G76 加工（*X*-30，*Y*-30）孔
N050 X30 Y30;	用精镗指令 G76 加工（*X*30，*Y*30）孔
N055 X30 Y-30;	用精镗指令 G76 加工（*X*30，*Y*-30）孔
N060 G00 Z50;	快速抬刀至安全高度 *Z*50 mm
N065 G80;	取消钻镗循环
N070 M30;	程序结束并返回到程序首

2. 镗削 4-ϕ40×8 mm 盲孔程序

编写加工程序可参考表 5-3-2。

表 5-3-2　盲孔程序

FANUC 系统	说明
O0004;	程序名
N010 G17 G54 ;	*XY* 加工平面，定 G54 为工件坐标系
N020 M03 S800 ;	主轴正转 800 r/min
N025 G90 G00 Z50.0;	绝对坐标编程，刀具至安全点
N030 G76 G98 X-30 Y30 Z-8 R5 Q0.5 F70;	用精镗指令 G76 加工（*X*-30，*Y*30）孔
N040 X-30 Y-30;	用精镗指令 G76 加工（*X*-30，*Y*-30）孔
N050 X30 Y30;	用精镗指令 G76 加工（*X*30，*Y*30）孔
N055 X30 Y-30;	用精镗指令 G76 加工（*X*30，*Y*-30）孔
N060 G00 Z50;	快速抬刀至安全高度 *Z*50 mm
N065 G80;	取消钻镗循环
N070 M30;	程序结束并返回到程序首

3. 反镗 4-ϕ40×8 mm 盲孔程序

编写加工程序可参考表 5-3-3。

表 5-3-3　盲孔程序

FANUC 系统	说明
O0004 ；	程序名
N010 G17 G54 ；	*XY* 加工平面，定 G54 为工件坐标系
N020 M03 S800 ；	主轴正转 800 r/min
N025 G90 G00 Z50.0；	绝对坐标编程，刀具至安全点
N030 G87G98 X-30 Y30 Z-27 R-40 Q0.5 F70；	用反镗指令 G87 加工（*X*-30，*Y*30）孔
N040 X-30 Y-30；	用反镗指令 G87 加工（*X*-30，*Y*-30）孔
N050 X30 Y30；	用反镗指令 G87 加工（*X*30，*Y*30）孔
N055 X30 Y-30；	用反镗指令 G87 加工（*X*30，*Y*-30）孔
N060 G00 Z50；	快速抬刀至安全高度 *Z*50 mm
N065 G80；	取消钻镗循环
N070 M30；	程序结束并返回到程序首

步骤三　工件加工

将程序输入机床数控系统，检验无误后加工合格的零件。

步骤四　检测与评价

检测与评价表

班级		姓名		学号		
课题	平面图形加工			零件编号		图 5-3-1
	序号	检测内容	配分	学生自评	教师评价	问题及改进
编程	1	加工工艺制定正确	10			
	2	切削用量合理	5			
	3	程序正确、简洁、规范	10			
	4	设备操作、维护保养正确	5			
操作	5	安全、文明生产	10			
	6	刀具选择、安装正确、规范	5			
	7	工件找正、安装正确、规范	5			
工作态度	8	行为规范、纪律表现	10			
零件完成	9	刀具，量具，工具摆放规范	20			
粗糙度	10	孔的尺寸精度及表面粗糙度	10			
加工时间	11	在规定时间完成（30min）	10			
综合得分						

课后习题

【理论题】

扫码观看视频

扫一扫右面的二维码，考核一下自己的理论知识学习成果吧

【习题五】

【实操题】

加工习图 5-1 所示的孔，已知钻头比标准刀杆短了 5 mm，编写刀具长度补偿加工程序。

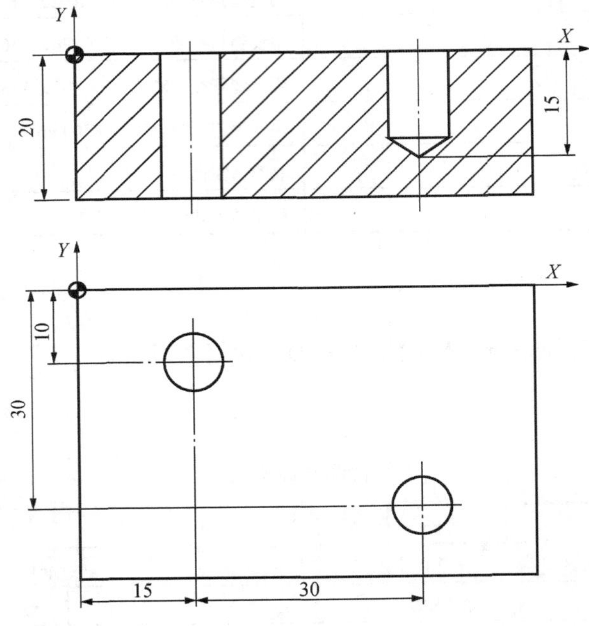

习图 5-1　零件图样

<table>
<tr><td rowspan="2">工厂</td><td rowspan="2"></td><td rowspan="2" colspan="2">产品名称或代号</td><td colspan="2">零件名称</td><td colspan="2">材料</td><td>零件图号</td></tr>
<tr><td colspan="2"></td><td colspan="2">45#</td><td>××</td></tr>
<tr><td>工序号</td><td>程序编号</td><td colspan="2">夹具编号</td><td colspan="4">使用设备</td><td>车间</td></tr>
<tr><td>××</td><td>×××</td><td colspan="2">×××</td><td colspan="4">×××××</td><td>××</td></tr>
<tr><td>工步号</td><td>工步
内容</td><td>夹具</td><td>刀具号</td><td>刀具
规格/mm</td><td>主轴转速
/（r/min）</td><td>进给速度
/（mm/min）</td><td>背吃刀量
/mm</td><td>备注</td></tr>
<tr><td></td><td></td><td></td><td></td><td></td><td></td><td></td><td></td><td></td></tr>
<tr><td></td><td></td><td></td><td></td><td></td><td></td><td></td><td></td><td></td></tr>
<tr><td></td><td></td><td></td><td></td><td></td><td></td><td></td><td></td><td></td></tr>
<tr><td>编制</td><td>×××</td><td>审核</td><td>××</td><td>批准</td><td>××</td><td>×年×月×日</td><td>共 1 页</td><td>第 1 页</td></tr>
</table>

项目六
螺 纹 加 工

任务一 攻螺纹

零件名称：孔类零件（零件图样见图 6-1-1）
材料：45[#]
毛坯尺寸：100 mm×100 mm×40 mm

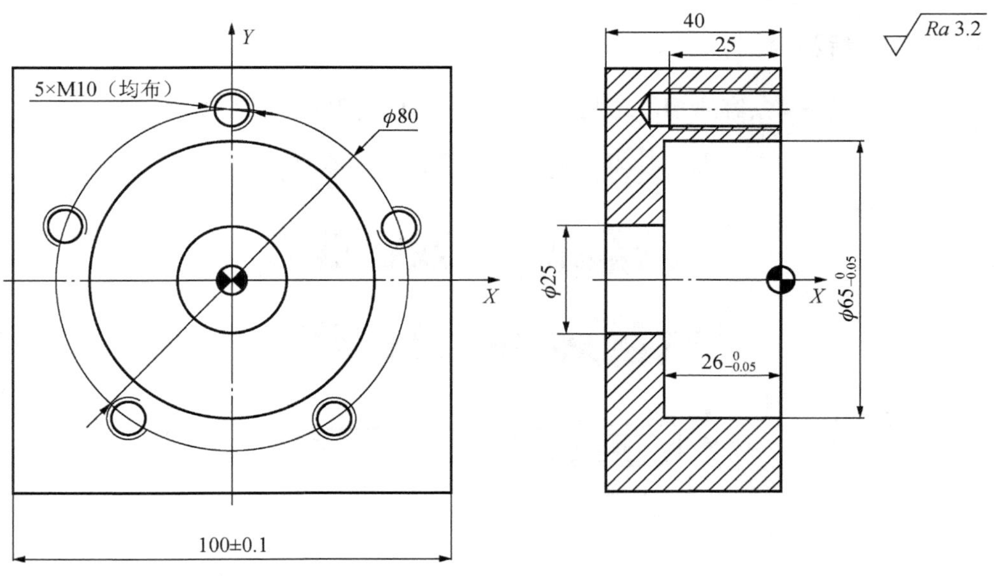

图 6-1-1　孔类零件图样（一）

任务内容

（1）设计攻螺纹加工工艺方案。

（2）选择攻螺纹时夹具和刀具。

（3）编制螺纹的加工程序。

知识目标

（1）掌握攻螺纹加工工艺知识。
（2）能够合理选择攻螺纹的刀具、夹具及切削用量。
（3）熟练掌握应用螺纹加工固定循环指令 G84、G74 编制程序。

技能目标

（1）能够正确选用并装夹工件和刀具。
（2）能够独立完成螺纹孔。

评价标准

观察法，根据检测评价表评价学生过程成绩。

知识准备

一、丝锥

攻螺纹是用丝锥切削内螺纹的一种加工方法（丝锥也叫“丝攻”）。一般使用螺纹固定循环指令加工小直径内螺纹，丝锥是用高速钢制成的一种成型多刃刀具。

1. 丝锥的结构

丝锥上开有 3～4 条容屑槽，这些容屑槽形成了切削刃和前角，如图 6-1-2 所示。

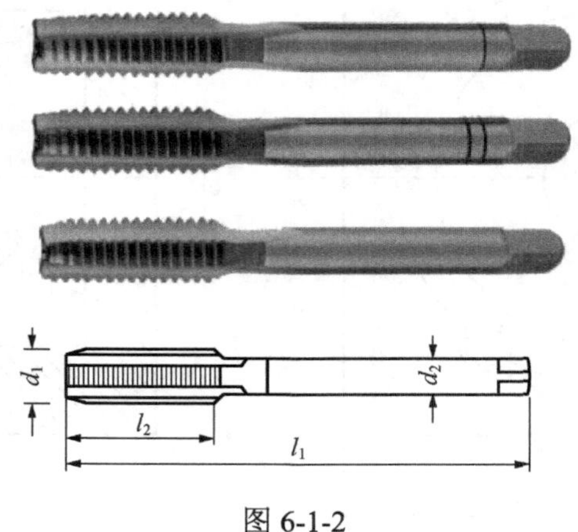

图 6-1-2

2. 丝锥的种类

丝锥的种类很多，但主要分手用丝锥和机用丝锥两大类。数控机床上用机用丝锥。机用丝锥与手用丝锥形状基本相似，只是在柄部多一部环形槽，用以防止丝锥从攻丝夹头脱落，其尾部和工作部分的同轴度比手用丝锥要求高。

由于机用丝锥通常用单只攻丝，一次成形效率高，而且机用丝锥的齿形一般经过螺纹

磨床磨削及齿侧面铲磨，攻出的内螺纹精度较高、表面粗糙度值较小。此外，由于机用丝锥所受切削抗力较大，切削速度也较高，所以常用高速钢制作。

3. 攻螺纹前的工艺要点

1）攻螺纹前孔径 D_1 确定

为了减小切削抗力和防止丝锥折断，攻螺纹前的孔径必须比螺纹小径稍大些，普通螺纹攻螺纹前的孔径可根据经验公式计算。

（1）加工钢件和塑性较大的材料：

$$D_1 \approx D-P$$

（2）加工铸件和塑性较小的材料：

$$D_1 \approx D-1.05P$$

式中：D——螺纹大径；

D_1——攻螺纹前孔径；

P——螺距。

2）攻制盲孔螺纹底孔深度的确定

攻制盲孔螺纹时，由于丝锥前端的切削刃不能攻制出完整的牙型，所以钻孔深度要大于规定的孔深。通常钻孔深度约等于螺纹的有效长度加上螺纹公称直径的 0.7 倍。

3）孔口倒角

钻孔或扩孔到最大极限尺寸后，在孔口倒角，直径应大于螺纹大径。

4. 攻螺纹时切削速度

加工钢件和塑性材料较大的材料时的速度：2～4 m/min。

加工铸件和塑性较小的材料时的速度：4～6 m/min。

5. 螺纹轴向起点和终点尺寸的确定

在数控机床上攻螺纹时，沿螺距方向应选择合理的导入距离 δ_1 和导出距离 δ_2。通常情况下，根据数控机床拖动系统的动态特性及螺纹的螺距和螺纹的精度来选择 δ_1 和 δ_2 的数值。一般 δ_1 取 2～3P，对大螺距和高精度的螺纹则取较大值；δ_2 一般取 1～2P。此外，在加工通孔螺纹时，导出量还要考虑丝锥前端切削锥角的长度。

二、攻螺纹指令

1. 指令格式

G84 X__Y__Z__R__F__;

G74 X__Y__Z__R__F__;

2. 指令说明

（1）G84 为攻右旋螺纹；G74 为攻左旋螺纹。

（2）G84 指令使主轴从 R 点移至 Z 点时，刀具正向进给，主轴正转，攻进至孔底时主轴反转，返回到 R 点平面后主轴恢复正转，如图 6-1-3 所示。

（3）G74 指令使主轴攻螺纹时反转，到孔底正转，返回到 R 点时恢复反转，如图 6-1-4 所示。

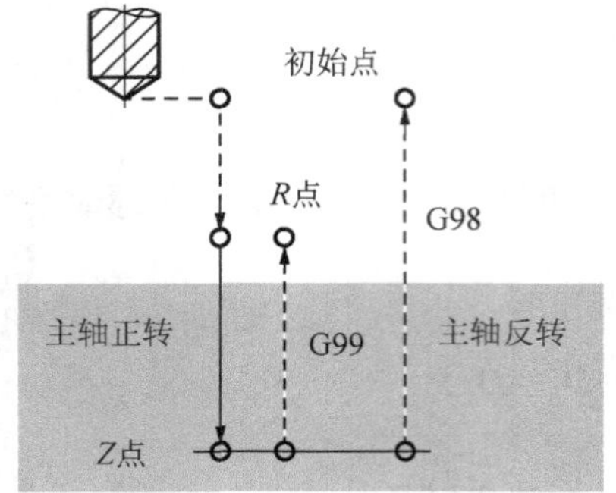

图 6-1-3　G84 指令动作

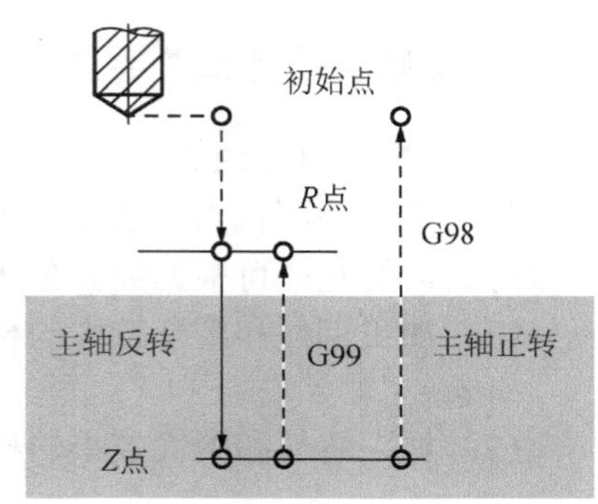

图 6-1-4　G74 指令动作

（4）与钻孔加工不同的是攻螺纹结束后的返回过程不是快速运动而是进给速度反转退出。

（5）进给量 F 的指定。当采用 G94 模式时，

$$F = nP$$

式中：F——进给速度，mm/min；

n——主轴转速，r/min；

P——螺纹导程（单线为螺距），mm。

当采用 G95 时，进给量 $F=F=P$。

（6）在指定 G74 前，应先使主轴反转。

（7）在 G74 和 G84 攻螺纹期间，进给倍率、进给保持均被忽略。

（8）刚性攻丝指定方式有 3 种。

① 在攻丝指令段之前指定“M29S—”。

② 在攻丝指令的程序段指定“M29S—”。

③ 将系统参数“No.5200#0”设为 1。

任务实施

步骤一　制定加工工艺

1. 零件图工艺分析

该零件为螺纹孔类零件，由零件图上可看出，该零件有尺寸精度要求；所用材料为 45#，材料硬度适中，便于加工，宜选择普通数控铣床加工。

2. 确定零件的装夹方式

由于该零件结构及其所对应的毛坯结构均为矩形，宜用平口钳装夹。

3. 确定加工顺序

加工顺序为：钻 5 个中心孔→钻 5 个通孔→攻螺纹。

4. 确定走刀路线

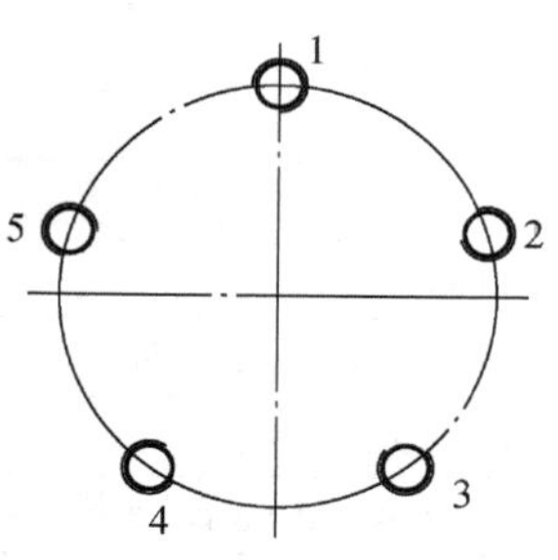

图 6-1-5 走刀路线

图 6-1-5 所示为 5 个孔的走刀路线，按 1、2、3、4、5 的顺序对这 5 个孔分别进行钻中心孔、钻孔、攻螺纹加工。

5. 刀具的选择

（1）用 A2 中心钻钻 5 个中心孔。
（2）用ϕ8.5 mm 的麻花钻钻 4-M10×1.5 mm 螺纹底孔。
（3）用 M10 丝锥攻 5-M10×1.5 mm 螺纹。

6. 切削用量的选择

（1）钻中心孔时，F= 60 mm/min，a_p= 2 mm，n =1500 r/min。
（2）钻 5 个孔时，F= 60 mm/min，a_p= 30 mm，n = 600 r/min。
（3）攻螺纹时，F= 300 mm/min，a_p= 25 mm，n = 200 r/min（F= nP）。

7. 填写数控加工工序卡

数控加工工序卡示例如图 6-1-6 所示。

工厂		产品名称或代号		零件名称	材料			零件图号
				螺纹孔类零件	45#			××
工序号	程序编号	夹具编号		使用设备				车间
××	×××	×××		×××××				××
工步号	工步内容	夹具	刀具号	刀具规格/mm	主轴转速/（r/min）	进给速度/（mm/min）	背吃刀量/mm	备注
1	钻中心孔	平口钳	T01	A2 中心钻	1500	60	2	××
2	钻 5 个ϕ8.5 mm 底孔	平口钳	T02	ϕ8.5 麻花钻	600	60	30	××
3	攻 M10×1.5 mm 螺纹孔	平口钳	T03	M10×1.5 丝锥	200	300	25	××
编制	×××	审核	××	批准	××	×年×月×日	共 1 页	第 1 页

图 6-1-6 数控加工工序卡示例 6-1

步骤二 编写加工程序

用 CAD 软件求得 5 个螺纹孔中心坐标为：（0，40）、（38.04，12 .36）、（23.51，−32.36）、（−23.51，−32.36）、（−38.04，12.36）。

1. 钻中心孔程序

选择工件上表面为 Z0 面对刀；工件中心为编程原点，钻中心孔程序如表 6-1-1。

表 6-1-1　钻中心孔程序

程序	说明
O0001；	程序名
N10 G90 G54 G00 Z50；	建立工件坐标系，快速进至安全高度
N20 M03 S1500；	主轴正转，主轴转速 1500r/min
N30 G99 G81 X0 Y40 Z-5 R5 F60；	用 G81 指令钻第一个定位孔
N40 X38.04 Y12.36；	钻第 2 个定位孔
N50 X23.51　Y-32.36；	钻第 3 个定位孔
N60 X-23.51 Y-32.36；	钻第 4 个定位孔
N70 X-38.04 Y12.36；	钻第 5 个定位孔
N80 G00 G80 Z100；	取消钻孔循环 Z 轴快速抬刀到 100 mm
N90 G00 M30；	程序结束

2. 钻底孔程序

编写加工程序可参考表 6-1-2。

表 6-1-2　钻底孔程序

程序	说明
O0002；	程序名
N10 G90 G54 G00 Z50；	建立工件坐标系，快速进至安全高度
N20 M03 S600；	主轴正转，主轴转速 600 r/min
N30 G99 G83 X0 Y40 Z-30 R5 Q3 F60；	用 G83 指令钻第一个定位孔
N40 X38.04 Y12.36；	钻第 2 个定位孔
N50 X23.51　Y-32.36；	钻第 3 个定位孔
N60 X-23.51 Y-32.36；	钻第 4 个定位孔
N70 X-38.04 Y12.36；	钻第 5 个定位孔
N80 G00 G80 Z100；	取消钻孔循环 Z 轴快速抬刀到 100 mm
N90 G00 M30；	程序结束

扫码观看视频

攻螺纹仿真

3. 攻螺纹程序

编写加工程序可参考表 6-1-3。

表 6-1-3 攻螺纹程序

程序	说明
O0003;	程序名
N10 G90 G54 G00 Z50;	建立工件坐标系，快速进至安全高度
N20 M03 S200;	主轴正转，主轴转速 600 r/min
N30 M29;	刚性攻丝
N40 G99 G84 X0 Y40 Z-25 R5 Q3 F60;	用 G84 指令加工第一个螺纹孔
N50 X38.04 Y12.36;	加工第 2 个螺纹孔
N60 X23.51 Y-32.36;	加工第 3 个螺纹孔
N70 X-23.51 Y-32.36;	加工第 4 个螺纹孔
N80 X-38.04 Y12.36;	加工第 5 个螺纹孔
N90 G00 G80 Z100;	取消攻丝循环 Z 轴快速抬刀到 100 mm
N100 G00 M30;	程序结束

步骤三 检测与评分

检测与评分表

班级		姓名		学号		
课题	攻螺纹			零件编号	图 6-1-1	
	序号	检测内容	配分	学生自评	教师评价	问题及改进
编程	1	加工工艺制定正确	10			
	2	切削用量合理	5			
	3	程序正确、简洁、规范	10			
	4	设备操作、维护保养正确	5			
操作	5	安全、文明生产	10			
	6	刀具选择、正确安装、规范	5			
	7	工件找正、正确安装、规范	5			
工作态度	8	行为规范、纪律表现	10			
尺寸检测	9	$5\times M10$ mm	10			
	10	$\phi65_{-0.05}^{0}$ mm	5			
	11	100 ± 0.1mm	5			
	12	$26_{-0.05}^{0}$ mm	5			
	13	25mm	5			
粗糙度	14	所有加工表面	10			

任务二 螺纹加工

零件名称：孔类零件（零件图样见图 6-2-1）
材料：45#
毛坯尺寸：100 mm×100 mm×30 mm

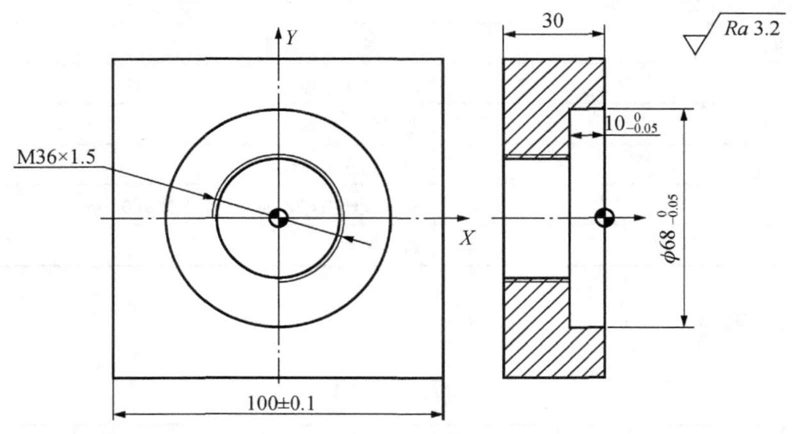

图 6-2-1　孔类零件图样（二）

任务内容

（1）设计铣削螺纹加工工艺。

（2）选择铣削螺纹时刀具及切削用量。

（3）编制螺纹加工程序。

知识目标

（1）掌握攻螺纹加工工艺。

（2）能够合理选择铣螺纹的刀具、夹具及切削用量。

（3）熟练掌握掌握螺纹加工指令。

技能目标

（1）能够正确选用并装夹工件和刀具。

（2）能够独立完成铣削螺纹孔。

评价方法

观察法，根据检测评价表评价学生过程成绩。

知识准备

一、铣螺纹指令

1. 指令格式

G02X__Y__Z__I__J__F__;
G03X__Y__Z__I__J__F__;

2. 铣螺纹指令说明

（1）G02 螺旋线旋向为顺时针方向（铣削右旋螺纹）。
G03 螺旋线旋向为逆时针方向（铣削左旋螺纹）。
（2）X__Y__Z__表示螺旋线终点坐标值。
I__J__分别表示圆弧圆心相对于螺旋线的起点在 *X*、*Y* 方向上的增量。
F__螺旋切削进给速度。
（3）螺旋插补是由两个运动合成的。
在 *XY* 平面上（水平平面）做圆周运动；螺旋线在 *XY* 平面上的投影为圆弧；在 *XZ* 或 *YZ*（垂直平面）上做直运动。

刀具在水平平面上每运动一周，垂直平面直线移动一个 *P*。该过程有严格的配比关系，就像车削螺纹时，工件转一周，刀具移动一个螺距一样。

（4）G02/G03 是一种通用的指令。一次只能产生一条 360° 的螺旋线。当要加工 720° 或者更大角度的螺旋线时，就要重复编写螺旋插补指令。

二、螺纹铣刀的分类

螺纹铣刀可分为机夹式和整体式两类，机夹式分单齿机夹和多齿机夹两类。

单齿机夹：结构像内螺纹车刀，刀片与车刀通用，只有一个螺纹加工齿，一个螺旋运动只能加工一齿，效率低，但可加工相同齿形和任意螺距的螺纹。

多齿机夹：刀刃上有多个螺纹加工齿，刀具螺旋运动一周便可以加工出多个螺纹齿，加工效率高，刀片更换方便且价可低廉，但只能加工与刀片相同齿形螺距的刀片，称为定螺距螺纹铣刀。

整体式：刀刃上也有多个螺纹加工齿，也是一种定螺距螺纹铣刀。刀具由整体硬质合金制成，刚性好，能有较高的切削速度和进给速度，能加工高硬材料。结构紧凑，能加工中小直径的内螺纹，但价格较贵。

三、铣螺纹的优点

1. 加工精度高

（1）可通过刀补和修改程序来控制精度，可加工出任何中径公差位置的螺纹。

（2）铣螺纹可获得较好的表面粗糙度。攻丝的切屑是连续的，切屑常会咬住丝锥，拉毛已加工出的螺纹，而铣螺纹产生的是短切屑，无此问题。

2. 加工效率高

（1）在加工中大直径的内螺纹时，铣螺纹切削力小而且稳，效率高。如用攻丝的方法，有可能要分粗攻、半精攻和精攻几次完成。

（2）刀具大多使用硬质合金制造，可有较高的切削速度和进给率。一些带复合加工功能的刀具，如钻铣刀，可将加工螺纹底孔孔口倒角及加工螺纹在一把刀具上一次完成，更可以提高效率。

3. 加工安全性好

当螺纹铣刀在加工中折断或损坏时，很容易从工件中取了，换上新的刀具可继续加工，不会造成工件报废。但使用丝锥时，丝锥切削是连续切屑，容易堵死排屑槽，丝锥容易折断，或是在加工一些较难加工材料时，切削力过大，会造成丝锥折断，丝锥断在孔中是十分难取出的，会导致丝锥与工件报废。

4. 刀具的通用性好

一把刀具可加工与刀具相同螺距和齿形的任意直径的外螺纹及比刀体直径大的内螺纹（就像用铣刀铣内外圆一样），且也没有旋向限制，免去了使用大量不同类型丝锥的必要性，减少加工中刀具的使用。

5. 可加工至整个螺纹的深度

在加工盲孔螺纹时，没有攻丝时丝锥导向锥和车削螺纹退刀槽的限制，铣螺纹可将螺纹加工至孔底部，加工出整个螺纹深度。

注意：并不是所有场合者适用铣螺纹，在加工小直径内螺纹时，攻丝还是很高效可靠的。

任务实施

步骤一　制定加工工艺

1. 零件图工艺分析

该零件为大直径内螺纹孔类零件，外形为方形，进行螺纹加工；由零件图上可看出，该零件有尺寸精度要求；所用材料为45#，材料硬度适中，便于加工，宜选择普通数控铣床加工。

2. 确定零件的装夹方式

由于该零件结构及其所对应的毛坯结构，宜用平口钳装夹。

3. 确定加工顺序

加工顺序为：钻孔→铣孔→铣螺纹。

4. 刀具的选择

（1）用ϕ12 mm 的麻花钻钻 M36×1.5 mm 螺纹底孔。
（2）用ϕ10mm 键槽铣刀铣螺纹底孔。
（3）用ϕ25 mm 单刃螺纹刀加工 M36×1.5 mm 螺纹。

5. 切削用量的选择

（1）钻螺纹底孔，F=60 mm/min，a_p= 34 mm，n= 600 r/min。
（2）铣螺纹底孔时，F=200 mm/min，a_p= 32 mm，n = 1000 r/min。
（3）铣螺纹时，F=300 mm/min，a_p= 32mm，n = 2000 r/min。

6. 填写数控加工工序卡片

数控加工工序卡示例如图 6-2-2 所示。

<table>
<tr><td rowspan="2">工厂</td><td rowspan="2"></td><td rowspan="2" colspan="2">产品名称或代号</td><td colspan="2">零件名称</td><td colspan="2">材料</td><td>零件图号</td></tr>
<tr><td colspan="2">螺纹孔类零件</td><td colspan="2">45#</td><td>××</td></tr>
<tr><td>工序号</td><td>程序编号</td><td colspan="2">夹具编号</td><td colspan="4">使用设备</td><td>车间</td></tr>
<tr><td>××</td><td>×××</td><td colspan="2">×××</td><td colspan="4">×××××</td><td>××</td></tr>
<tr><td>工步号</td><td>工步
内容</td><td>夹具</td><td>刀具号</td><td>刀具
规格/mm</td><td>主轴转速
/（r/min）</td><td>进给速度
/（mm/min）</td><td>背吃刀量
/mm</td><td>备注</td></tr>
<tr><td>1</td><td>钻螺纹
底孔</td><td>三爪卡盘</td><td>T01</td><td>ϕ12
麻花钻</td><td>600</td><td>60</td><td>34</td><td>××</td></tr>
<tr><td>2</td><td>铣螺纹
底孔</td><td>三爪卡盘</td><td>T02</td><td>ϕ10
键槽铣刀</td><td>1000</td><td>200</td><td>32</td><td>××</td></tr>
<tr><td>3</td><td>铣螺纹</td><td>三爪卡盘</td><td>T03</td><td>ϕ25 单刃螺
纹刀</td><td>2000</td><td>300</td><td>32</td><td>××</td></tr>
<tr><td>编制</td><td>×××</td><td>审核</td><td>××</td><td>批准</td><td>××</td><td>×年×月×日</td><td>共 1 页</td><td>第 1 页</td></tr>
</table>

图 6-2-2　数控加工工序卡示例 6-2

步骤二　编写加工程序

选择工件上表面为 Z0 面对刀，工件中心为编程原点。

1. 钻孔程序

编写加工程序可参考表 6-2-1。

2. 铣螺纹底孔

编写加工程序可参考表 6-2-2。

表 6-2-1 钻孔程序

程序	说明
O1001；	程序名
N10 G90 G54 G00 Z50；	建立工件坐标系，快速进至安全高度
N20 M03 S600；	主轴正转，主轴转速 600 r/min
N30 G99 G83 X0 Y0 Z-34 R5 Q3 F60；	用 G83 指令钻螺纹底孔
N40 G00 G80 Z100；	取消钻孔循环，*Z* 轴快速抬到 100 mm
N50 M30；	程序结束

表 6-2-2 铣螺纹底孔程序

程序	说明
O1002；	程序名
N10 G90 G54 G00 Z50；	建立工件坐标系，快速进至安全高度
N20 M03 S1000；	主轴正转，主轴转速 1000 r/min
N30 X0 Y0；	定位到下刀点
N40 Z5；	快速移动到 *Z*5 mm 平面
N50 G01 Z0 F100；	以 100 mm/min 速度移动到 *Z*0 mm 平面
N60 M98 P160022 D01（D01=8）；	调用子程序并用 01 号刀补
N70 G00 Z0；	快速移动到 *Z*0 mm 平面
N80 M98 P160022 D02（D02=5.5）；	调用子程序并用 02 号刀补
N90 G00 Z0；	快速移动到 *Z*0 mm 平面
N100　M98 P160022 D03（D03=5）；	调用子程序并用 03 号刀补
N110　G00 Z50；	快速移动到 *Z*50 mm
N120 M30；	程序结束

扫码观看视频

螺纹加工仿真

3. 螺纹底孔子程序

编写加工程序可参考表 6-2-3。

表 6-2-3 铣螺纹底孔子程序

程序	说明
O0022；	程序名
N10 G91 Z-2 F100；	用相对坐标编程 *Z* 轴移动到 *Z*-2 mm 平面
N20 G90 G41 X17.25；	绝对坐标编程建立左刀补（加工 ϕ34.5 mm 螺纹底孔）
N30 GO3 I-17.25；	编写螺纹底孔（小径）整圆
N40 G01 G40 X0；	取消刀具半径补偿
N50 M99；	子程序结束

4. 铣螺纹程序

编写加工程序可参考表 6-2-4。

表 6-2-4　铣螺纹程序

程序	说明
O0003；	程序名
N10 G90 G54 G00 Z50；	建立工件坐标系，快速进至安全高度
N20 M03 S2000；	主轴正转，主轴转速 2000 r/min
N30 X0 Y0；	定位到下刀点
N40 Z-5；	快速移动到 Z5mm 平面
N50 G41 G01 X18 D04（D04=12.85）；	调用左刀补，刀补号为 04
N60 M98 P220033；；	调用子程序铣螺纹
N70 G90 G40 G01 X0；	取消刀具半径补偿
N80 G00 Z-5；	刀具移动到 Z-5mm 平面
N90 G41 G01 X18 D04（D05=12.65）；	调用左刀补并用 05 号刀补
N100 M98 P220033；	调用子程序铣螺纹
N110 G90 G40 G01 X0；	取消刀具半径补偿
N120 G00 Z-5；	刀具移动到 Z-5mm 平面
N110　G41 G01 X18 D04（D06=12.5）；	调用左刀补并用 06 号刀补
N120　M98 P220033；	调用子程序铣螺纹
N130 G90 G40 G01 X0；	取消刀具半径补偿
N140 G00 Z100；	快速抬刀到 Z100 mm
N150 M30；	程序结束

5. 铣螺纹子程序

编写加工程序可参考表 6-2-5。

表 6-2-5　铣螺纹子程序

程序	说明
O0033；	程序名
N10 G91 G02 I-18 Z-1.5；	相对坐标铣一圈螺纹
N20 M99；	子程序结束

步骤三　检测与评价

检测与评价表

班级			姓名		学号		
课题	铣螺纹				零件编号	图 6-2-1	
	序号	检测内容		配分	学生自评	教师评价	问题及改进
编程	1	加工工艺制定正确		10			
	2	切削用量合理		5			
	3	程序正确、简洁、规范		10			
	4	设备操作、维护保养正确		5			
操作	5	安全、文明生产		10			
	6	刀具选择、正确安装、规范		5			
	7	工件找正、正确安装、规范		5			
工作态度	8	行为规范、纪律表现		10			
尺寸检测	9	$M36\times1.5$ mm		10			
	10	$\phi68_{-0.05}^{0}$ mm		10			
	11	$10_{-0.05}^{0}$ mm		10			
粗糙度	12	所有加工表面		10			
	13						
	14						

课 后 习 题

【理论题】

扫码观看视频

扫一扫右面的二维码，考核一下自己的理论知识学习成果吧

【习题六】

【实操题】

1．如习图 6-1 所示的零件，材料为 45 钢，调质处理，外形尺寸ϕ100×30，现需要对 5 个螺纹孔进行加工，试编写其加工程序。

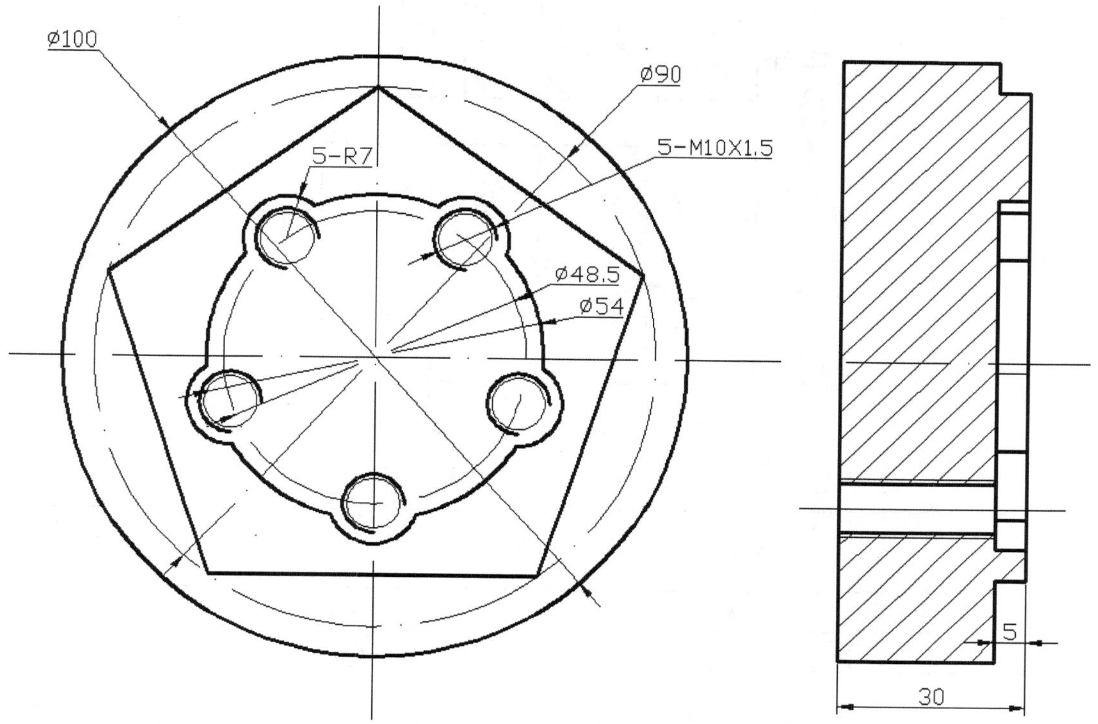

习图 6-1　零件图样

工厂		产品名称或代号		零件名称		材料		零件图号
						45#		××
工序号	程序编号	夹具编号		使用设备				车间
××	×××	×××		×××××				××
工步号	工步内容	夹具	刀具号	刀具规格/mm	主轴转速/（r/min）	进给速度/（mm/min）	背吃刀量/mm	备注
编制	×××	审核	××	批准	××	×年×月×日	共 1 页	第 1 页

2. 按习图 6-2 所以零件图样，完成带停顿的钻孔循环编程及深孔加工编程。

3. 根据习图 6-3 所示的零件图样，坯料厚度为 5mm，运用固定循环与子程序，编写孔加工程序。

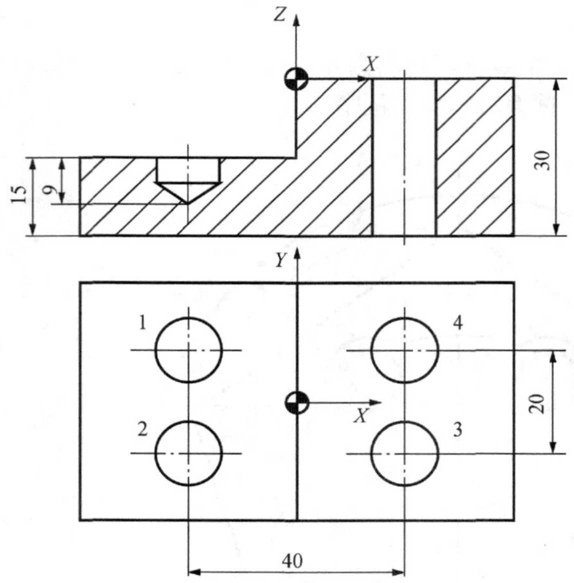

习图 6-2　零件图样

工厂		产品名称或代号		零件名称		材料		零件图号
						$45^{\#}$		××
工序号	程序编号	夹具编号		使用设备				车间
××	×××	×××		×××××				××
工步号	工步内容	夹具	刀具号	刀具规格/mm	主轴转速/（r/min）	进给速度/（mm/min）	背吃刀量/mm	备注
编制	×××	审核	××	批准	××	×年×月×日	共 1 页	第 1 页

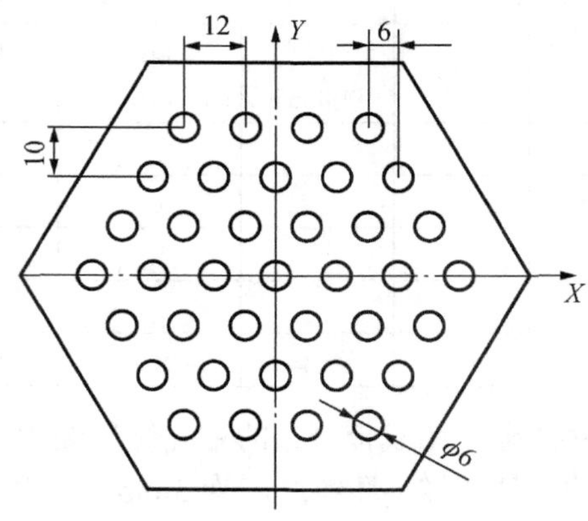

习图 6-3　零件图样

<table>
<tr><td rowspan="2">工厂</td><td rowspan="2"></td><td colspan="2" rowspan="2">产品名称或代号</td><td colspan="2">零件名称</td><td colspan="2">材料</td><td>零件图号</td></tr>
<tr><td colspan="2"></td><td colspan="2">45#</td><td>××</td></tr>
<tr><td>工序号</td><td>程序编号</td><td colspan="2">夹具编号</td><td colspan="4">使用设备</td><td>车间</td></tr>
<tr><td>××</td><td>×××</td><td colspan="2">×××</td><td colspan="4">×××××</td><td>××</td></tr>
<tr><td>工步号</td><td>工步
内容</td><td>夹具</td><td>刀具号</td><td>刀具
规格/mm</td><td>主轴转速
/（r/min）</td><td>进给速度
/（mm/min）</td><td>背吃刀量
/mm</td><td>备注</td></tr>
<tr><td></td><td></td><td></td><td></td><td></td><td></td><td></td><td></td><td></td></tr>
<tr><td></td><td></td><td></td><td></td><td></td><td></td><td></td><td></td><td></td></tr>
<tr><td></td><td></td><td></td><td></td><td></td><td></td><td></td><td></td><td></td></tr>
<tr><td></td><td></td><td></td><td></td><td></td><td></td><td></td><td></td><td></td></tr>
<tr><td>编制</td><td>×××</td><td>审核</td><td>××</td><td>批准</td><td>××</td><td>×年×月×日</td><td>共 1 页</td><td>第 1 页</td></tr>
</table>

项目七

综合训练

任务一　综合训练一

零件名称：工件（一）（图样见图 7-1-1）
材料：45#
毛坯尺寸：80 mm×80 mm×30 mm

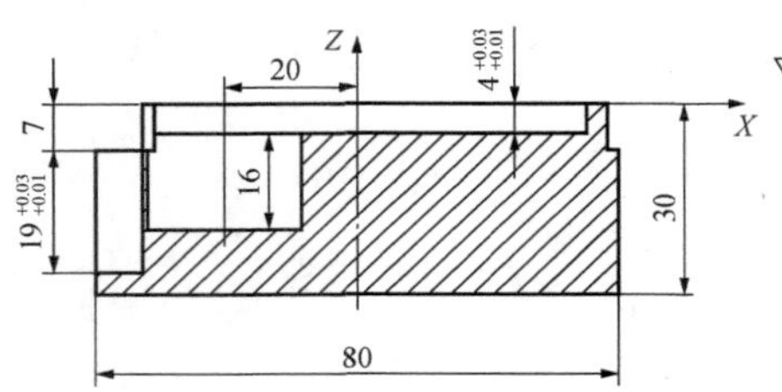

$\sqrt{Ra\ 3.2}$

	X	Y
1	−0	38
2	26.87	26.87
3	38	0
4	34.93	1.91
5	26.05	23.34
6	23.34	26.05
7	1.91	34.93

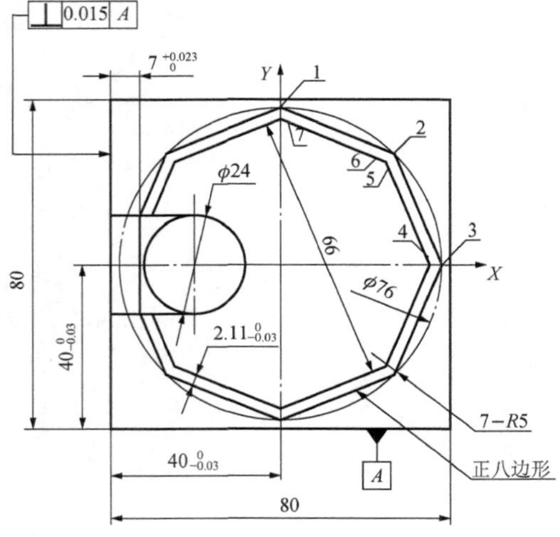

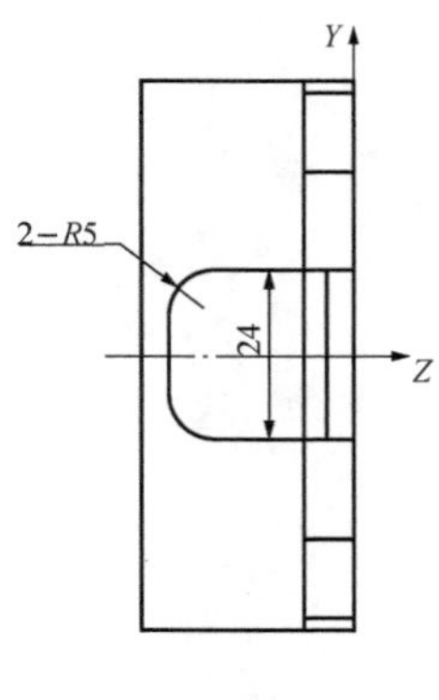

图 7-1-1　工件图样（一）

任务内容

（1）制定零件加工工艺方案。

（2）在数控铣床上加工零件。

知识目标

（1）掌握零件加工的工艺知识。

（2）掌握零件加工的编程方法。

技能目标

（1）能够正确选用夹具装夹工件和正确选用刀具。

（2）正确选用加工刀具及合理的切削用量。

（3）能够熟练操作数控机床加工零件。

评价方法

观察法，根据检测评价表评价学生过程成绩。

任务实施

加工如图 7-1-1 所示零件，运用所学的编程指令，直接按图形编写加工程序。

步骤一　制定零件加工工艺方案

1. 零件图工艺分析

该零件毛坯尺寸为 80 mm×80 mm×30 mm，根据零件形状选择平口钳装夹。由于该零件上面和侧面都要加工，根据图纸分析，为满足零件装夹要求，应该先装夹侧面加工上表面到尺寸，再装夹上下表面完成侧面加工。由零件图可看出，该零件有尺寸精度要求；所用材料为 $45^{\#}$，材料硬度适中，便于加工；宜选择普通数控铣床加工。

2. 确定零件的装夹方式

由于该零件结构及其所对应的毛坯结构均为矩形，宜选平口钳装夹。

3. 确定加工顺序

根据图样加工要求，四周表面的加工方案采用端铣刀粗铣→精铣完成，内外轮廓用立铣刀粗铣→精铣完成。

（1）建立工件坐标系，以工件的上表面中心为原点。

（2）使用ϕ20 mm 立铣刀粗加工深度为 7 mm 的八边形外轮廓，留 0.3 mm 精加工余量。

（3）使用ϕ20 mm 立铣刀精加工深度 7 mm 的八边形外轮廓加工至尺寸精度。

（4）使用ϕ8 mm 立铣刀粗加工深度为 4 mm 的八边形内轮廓，留 0.3 mm 精加工余量。

（5）使用ϕ8 mm 立铣刀精加工深度 4 mm 的八边形内轮廓加工至尺寸精度。

（6）使用ϕ9.8 mm 麻花钻钻深度为 16 mm 的ϕ24 孔。

（7）使用ϕ10 mm 立铣刀粗加工深度为 16 mm 的ϕ24 孔，留 0.3 mm 精加工余量。

（8）使用ϕ10 mm 立铣刀精加工深度 16 mm 的ϕ24 孔加工至尺寸精度。

（9）使用ϕ20 mm 立铣刀粗加工深度为 7 mm 开放式内槽，留 0.3 mm 单边余量。

（10）使用ϕ20 mm 立铣刀精加工深度为 7 mm 开放式内槽加工至尺寸精度。

（11）改变装夹方式，使用ϕ8 mm 立铣刀粗加工深度为 7 mm 的 24×19 内槽，留 0.3 mm 精加工余量。

（12）使用ϕ8 mm 立铣刀精加工深度为 7 mm 的 24×19 内槽加工至尺寸精度。

4. 刀具的选择

零件材料为 $45^{\#}$，可选用硬质合金铣刀。粗铣和精铣外轮廓用ϕ20 mm 立铣刀；粗铣和精铣内轮廓用ϕ8 mm 立铣刀；钻孔用ϕ9.8 mm 钻头；铣孔用ϕ10 mm 立铣刀。

5. 切削用量的选择

（1）粗铣外轮廓，进给速度 F=200 mm/min，切削深度 a_p=1 mm，n = 500 r/min。

（2）精铣外轮廓，进给速度 F=180 mm/min，切削深度 a_p=7 mm，n =600 r/min。

（3）粗铣内轮廓时，进给速度 F=150 mm/min，切削深度 a_p=1 mm，n = 1000 r/min。

（4）精铣内轮廓时，进给速度 F=100 mm/min，切削深度 a_p=4 mm，n = 1100 r/min。

（5）钻孔时，进给速度 F=70 mm/min，切削深度 a_p=15.8 mm，n = 600 r/min。

（6）粗铣孔时，进给速度 F=180 mm/min，切削深度 a_p=1 mm，n = 900 r/min。

（7）精铣孔时，进给速度 F=150 mm/min，切削深度 a_p=16 mm，n = 1000 r/min。

6. 填写数控加工工序卡

数控加工工序卡示例如图 7-1-2 所示。

工厂		产品名称或代号		零件名称	材料			零件图号
				工件（一）	$45^{\#}$			××
工序号	程序编号	夹具编号		使用设备				车间
××	×××	×××		×××××				××
工步号	工步内容	夹具	刀具号	刀具规格/mm	主轴转速/（r/min）	进给速度/（mm/min）	背吃刀量/mm	备注
1	粗加工深度为 7 mm 的八边形外轮廓	平口钳	T01	ϕ20 立铣刀	500	200	1	
2	精加工深度为 7 mm 的八边形外轮廓	平口钳	T01	ϕ20 立铣刀	600	180	7	
3	粗加工深度为 4 mm 的八边形内轮廓	平口钳	T01	ϕ8 立铣刀	1000	150	1	
4	精加工深度为 4 mm 的八边形内轮廓	平口钳	T01	ϕ8 立铣刀	1100	100	4	

图 7-1-2　数控加工工序卡示例 7-1

工步号	工步内容	夹具	刀具号	刀具规格/mm	主轴转速/（r/min）	进给速度/（mm/min）	背吃刀量/mm	备注
5	钻深度为 16 mm 的 ϕ24 mm 孔	平口钳	T01	ϕ9.8 麻花钻	600	70		
6	粗加工深度为 16 mm 的 ϕ24 mm 孔	平口钳	T01	ϕ10 立铣刀	900	180	1	
7	精加工深度为 16 mm 的 ϕ24 mm 孔	平口钳	T01	ϕ10 立铣刀	1000	150	16	
8	粗加工深度为 7 mm 开放式内槽	平口钳	T01	ϕ20 立铣刀	500	200	1	
9	精加工深度为 7 mm 开放式内槽	平口钳	T01	ϕ20 立铣刀	600	180	7	
10	改变装夹方式，粗加工深度为 7 mm 的 24×19 内槽	平口钳	T01	ϕ8 立铣刀	1000	150	1	
11	精加工深度为 7 mm 的 24×19 内槽	平口钳	T01	ϕ8 立铣刀	1100	100	7	
编制	×××	审核	××	批准	××	×年×月×日	共 1 页	第 1 页

图 7-1-2 数控加工工序卡示例 7-1（续）

步骤二 编写加工程序

1. 使用 ϕ20 mm 立铣刀粗加工深度为 7 mm 的八边形外轮廓

编写加工程序可参考表 7-1-1。

表 7-1-1 综合训练加工程序（一）

程序	说明
O0071;	主程序号（去余量粗加工）
N10 G17 G40 G80;	选择 *XY* 平面，取消半径补偿，钻孔循环
N20 G90 G54 G00 Z50;	建立工件坐标系，使主轴快速移动到的安全高度
N30 M03 S500;	主轴正转，转速为 500 r/min
N40 G00 X53 Y0;	快速定位到下刀点位置
N50 G00 Z5;	*Z* 轴快速移动到 *Z*5
N60 G01 Z0 F200;	*Z* 轴缓慢移动到 *Z*0
N70 M98 P0072 L7;	调用子程序 O0072，循环次数为 7 次
N80 G00 Z100;	快速抬刀
N90 M05;	主轴停转
N100 M30;	程序结束

编写子程序可参考表 7-1-2。

表 7-1-2　综合训练加工程序（二）

程序	说明
O0072；	子程序号
N10 G91 G01 Z-1 F30；	用增量来重复下刀
N20 G90 G41 G01 X38 Y0 D01 F200；	建立半径补偿，刀具移动到加工的起始点
N30 G01 X26.87 Y-26.87；	直线插补至（X26.87,Y-26.87）
N40 X0 Y-38；	直线插补至（X0,Y-38）
N50 X-26.87 Y-26.87；	直线插补至（X-26.87,Y-26.87）
N60 X-38 Y0；	直线插补至（X38,Y0）
N70 X-26.87 Y26.87；	直线插补至（X-26.87,Y26.87）
N80 X0 Y38；	直线插补至（X0,Y38）
N90 X26.87 Y26.87；	直线插补至（X26.87,Y26.87）
N100 X38 Y0；	直线插补至（X38,Y0）
N110 G40 G01 X53 Y0；	取消刀具半径补偿，返回定位点
N120 M99；	子程序结束，返回主程序

2. 使用ϕ20mm 立铣刀精加工深度 7 mm 的八边形外轮廓

编写加工程序可参考表 7-1-3。

表 7-1-3　综合训练加工程序（三）

程序	说明
O0073；	主程序号
N10 G17 G40 G80；	选择 XY 平面，取消半径补偿，钻孔循环
N20 G90 G54 G00 Z50；	建立工件坐标系，使主轴快速移动到的安全高度
N30 M03 S600；	主轴正转，转速为 600 r/min
N40 G00 X53 Y0；	快速定位到下刀点位置
N50 G00 Z-7；	Z 轴快速移动到 Z-7
N60 G90 G41 G01 X38 Y0 D01 F180；	建立半径补偿，刀具移动到加工的起始点
N70 G01 X26.87 Y-26.87；	直线插补至（X26.87,Y-26.87）
N80 X0 Y-38；	直线插补至（X0,Y38）
N90 X-26.87 Y-26.87；	直线插补至（X-26.87,Y-26.87）
N100 X-38 Y0；	直线插补至（X-38,Y0）
N110 X-26.87 Y26.87；	直线插补至（X-26.87,Y26.87）
N120 X0 Y38；	直线插补至（X0,Y38）
N130 X26.87 Y26.87；	直线插补至（X26.87,Y26.87）
N140 X38 Y0；	直线插补至（X38,Y0）
N150 G40 G01 X53 Y0；	取消刀具半径补偿，返回定位点
N160 G00 Z100；	快速抬刀
N170 M05；	主轴停转
N180 M30；	程序结束

3. 使用ϕ8mm立铣刀粗加工深度为4 mm的八边形内轮廓

编写加工程序可参考表7-1-4。

表7-1-4 综合训练加工程序（四）

程序	说明
O0074;	主程序号（去余量粗加工）
N10 G17 G40 G80;	选择*XY*平面，取消半径补偿，钻孔循环
N20 G90 G54 G00 Z50;	建立工件坐标系，使主轴快速移动到的安全高度
N30 M03 S1000;	主轴正转，转速为1000 r/min
N40 G00 X24.38 Y-5.26;	快速定位到下刀点位置
N50 G00 Z5;	*Z*轴快速移动到*Z*5
N60 G01 Z0 F200;	*Z*轴缓慢移动到*Z*0
N70 M98 P0075 L4;	调用子程序O0075，循环次数为4次
N80 G00 Z100;	快速抬刀
N90 M05;	主轴停转
N100 M30;	程序结束

编写子程序可参考表7-1-5。

表7-1-5 综合训练加工程序（五）

程序	说明
O0075;	子程序号
N10 G91 G01 Z-1 F30;	用增量来重复下刀
N20 G90 G41 G01 X34.93 Y-1.91 D01 F150;	建立半径补偿，刀具移动到加工的起始点
N30 G03 X34.93 Y1.91 R5;	逆时针圆弧加工*R*5
N40 G01 X26.05 Y23.34;	直线插补至（*X*26.05,*Y*23.34）
N50 G03 X23.34 Y26.05 R5;	逆时针圆弧加工*R*5
N60 G01 X1.91 Y34.93;	直线插补至（*X*1.91,*Y*34.93）
N70 G03 X-1.91 Y34.93 R5;	逆时针圆弧加工*R*5
N80 G01 X-23.34 Y26.05;	直线插补至（*X*-23.34,*Y*26.05）
N90 G03 X-26.05 Y23.34 R5;	逆时针圆弧加工*R*5
N100 G01 X-34.93 Y1.91;	直线插补至（*X*-34.93,*Y*1.91）
N110 G03 X-34.93 Y-1.91 R5;	逆时针圆弧加工*R*5
N120 G01 X-26.05 Y-23.34;	直线插补至（*X*-26.05,*Y*-23.34）
N130 G03 X-23.34 Y-26.05 R5;	逆时针圆弧加工*R*5
N140 G01 X-1.91 Y-34.93;	直线插补至（*X*-1.91,*Y*-34.93）
N150 G03 X1.91 Y-34.93 R5;	逆时针圆弧加工*R*5
N160 G01 X23.34 Y-26.05;	直线插补至（*X*23.34,*Y*-26.05）
N170 G03 X26.05 Y-23.34 R5;	逆时针圆弧加工*R*5
N180 G01 X34.93 Y-1.91;	直线插补至（*X*34.93,*Y*-1.91）
N190 G40 G01 X24.38 Y-5.26;	取消刀具半径补偿，返回定位点
N200 M99;	子程序结束，返回主程序

4. 使用ϕ8 mm 立铣刀精加工深度 4 mm 的八边形内轮廓

编写加工程序可参考表 7-1-6。

表 7-1-6　综合训练加工程序（六）

程序	说明
O0076；	主程序号
N10 G17 G40 G80；	选择 *XY* 平面，取消半径补偿，钻孔循环
N20 G90 G54 G00 Z50；	建立工件坐标系，使主轴快速移动到的安全高度
N30 M03 S1100；	主轴正转，转速为 1100r/min
N40 G00 X24.38 Y-5.26；	快速定位到下刀点位置
N50 G00 Z5；	*Z* 轴快速移动到 *Z*5
N60 G01 Z-4 F200；	*Z* 轴缓慢移动到 *Z*−4
N70 G90 G41 G01 X34.93 Y-1.91 D01 F100；	建立半径补偿，刀具移动到加工的起始点
N80 G03 X34.93 Y1.91 R5；	逆时针圆弧加工 *R*5
N90 G01 X26.05 Y23.34；	直线插补至（*X*26.05,*Y*23.34）
N100 G03 X23.34 Y26.05 R5；	逆时针圆弧加工 *R*5
N110 G01 X1.91 Y34.93；	直线插补至（*X*1.91,*Y*34.93）
N120 G03 X-1.91 Y34.93 R5；	逆时针圆弧加工 *R*5
N130 G01 X-23.34 Y26.05；	直线插补至（*X*−23.34,*Y*26.05）
N140 G03 X-26.05 Y23.34 R5；	逆时针圆弧加工 *R*5
N150 G01 X-34.93 Y1.91；	直线插补至（*X*−34.93,*Y*1.91）
N160 G03 X-34.93 Y-1.91 R5；	逆时针圆弧加工 *R*5
N170 G01 X-26.05 Y-23.34；	直线插补至（*X*−26.05,*Y*−23.34）
N180 G03 X-23.34 Y-26.05 R5；	逆时针圆弧加工 *R*5
N190 G01 X-1.91 Y-34.93；	直线插补至（*X*−1.91,*Y*−34.93）
N200 G03 X1.91 Y-34.93 R5；	逆时针圆弧加工 *R*5
N210 G01 X23.34 Y-26.05；	直线插补至（*X*23.34,Y−26.05）
N220 G03 X26.05 Y-23.34 R5；	逆时针圆弧加工 *R*5
N230 G01 X34.93 Y-1.91；	直线插补至（*X*34.93,*Y*−1.91）
N240 G40 G01 X24.38 Y-5.26；	取消刀具半径补偿，返回定位点
N250 G00 Z100；	快速抬刀
N260 M05；	主轴停转
N270 M30；	程序结束

5. 使用ϕ9.8 mm 麻花钻钻深度为 16mm 的ϕ24 mm 孔

编写加工程序可参考表 7-1-7。

表 7-1-7 综合训练加工程序（七）

程序	说明
O0077；	主程序号
N10 G17 G40 G80；	选择 *XY* 平面，取消半径补偿，钻孔循环
N20 G90 G54 G00 Z50；	建立工件坐标系，使主轴快速移动到的安全高度
N30 M03 S600；	主轴正转，转速为 600 r/min
N40 G00 X-20 Y0；	快速定位到下刀点位置
N50 G00 Z20；	*Z* 轴快速移动到 *Z*20
N60 G98 G81 X-20 Y0 Z-15.8 R3 F70；	下刀到工件上表面 3 mm，进给速度 70 mm/min，钻孔，钻完孔后返回初始高度（*Z*20 mm）
N80 G00 Z100；	快速抬刀
N90 M05；	主轴停转
N100 M30；	程序结束

6．使用ϕ10 mm 立铣刀粗加工深度为 16 mm 的ϕ24 mm 孔

编写加工程序可参考表 7-1-8。

表 7-1-8 综合训练加工程序（八）

程序	说明
O0078；	主程序号（去余量粗加工）
N10 G17 G40 G80；	选择 *XY* 平面，取消半径补偿，钻孔循环
N20 G90 G54 G00 Z50；	建立工件坐标系，使主轴快速移动到的安全高度
N30 M03 S900；	主轴正转，转速为 900 r/min
N40 G00 X-20 Y0；	快速定位到下刀点位置
N50 G00 Z5；	*Z* 轴快速移动到 *Z*5
N60 G01 Z0 F200；	*Z* 轴缓慢移动到 *Z*0
N70 M98 P0079 L16；	调用子程序 O0079，循环次数为 16 次
N80 G00 Z100；	快速抬刀
N90 M05；	主轴停转
N100 M30；	程序结束

编写子程序可参考表 7-1-9。

表 7-1-9 综合训练加工程序（九）

程序	说明
O0079；	子程序号
N10 G91 G01 Z-1 F30；	用增量来重复下刀
N20 G90 G41 G01 X-8 Y0 D01 F180；	建立半径补偿，刀具移动到加工的起始点
N30 G03 I-12；	—
N40 G40 G01 X-20 Y0；	取消刀具半径补偿，返回定位点
N50 M99；	子程序结束，返回主程序

7. 使用ϕ10 mm 立铣刀精加工深度 16 mm 的ϕ24 mm 孔

编写加工程序可参考表 7-1-10。

表 7-1-10　综合训练加工程序（十）

程序	说明
O0080;	主程序号
N10 G17 G40 G80;	选择 *XY* 平面，取消半径补偿，钻孔循环
N20 G90 G54 G00 Z50;	建立工件坐标系，使主轴快速移动到的安全高度
N30 M03 S1000;	主轴正转，转速为 1000 r/min
N40 G00 X-20 Y0;	快速定位到下刀点位置
N50 G00 Z5;	*Z* 轴快速移动到 *Z*5
N60 G01 Z-16 F200;	*Z* 轴缓慢移动到 *Z*-16
N70 G90 G41 G01 X-8 Y0 D01 F150;	建立半径补偿，刀具移动到加工的起始点
N80 G03 I-12;	—
N90 G40 G01 X-20 Y0;	取消刀具半径补偿，返回定位点
N100 G00 Z100;	快速抬刀
N110 M05;	主轴停转
N120 M30;	程序结束

8. 使用ϕ20 mm 立铣刀粗加工深度为 7 mm 开放式内槽

编写加工程序可参考表 7-1-11。

表 7-1-11　综合训练加工程序（十一）

程序	说明
O0081;	主程序号（去余量粗加工）
N10 G17 G40 G80;	选择 *XY* 平面，取消半径补偿，钻孔循环
N20 G90 G54 G00 Z50;	建立工件坐标系，使主轴快速移动到的安全高度
N30 M03 S500;	主轴正转，转速为 500 r/min
N40 G00 X-54 Y0;	快速定位到下刀点位置
N50 G00 Z5;	*Z* 轴快速移动到 *Z*5
N60 G01 Z0 F200;	*Z* 轴缓慢移动到 *Z*0
N70 M98 P0082 L7;	调用子程序 O0082，循环次数为 7 次
N80 G00 Z100;	快速抬刀
N90 M05;	主轴停转
N100 M30;	程序结束

编写子程序可参考表 7-1-12。

表 7-1-12 综合训练加工程序（十二）

程序	说明
O0082；	子程序号
N10 G91 G01 Z-1 F30；	用增量来重复下刀
N20 G90 G41 G01 X-40 Y-12 D01 F200；	建立半径补偿，刀具移动到加工的起始点
N30 G01 X-20 Y-12；	直线插补至（*X*-20,*Y*-12）
N30 G03 X-20 Y12 R12；	逆时针圆弧加工 *R*12
N30 G01 X-40 Y12；	直线插补至（*X*-40,*Y*12）
N40 G40 G01 X-54 Y0；	取消刀具半径补偿，返回定位点
N50 M99；	子程序结束，返回主程序

9. 使用ϕ20 mm 立铣刀精加工深度为 7 mm 开放式内槽

编写加工程序可参考表 7-1-13。

表 7-1-13 综合训练加工程序（十三）

程序	说明
O0083；	主程序号
N10 G17 G40 G80；	选择 *XY* 平面，取消半径补偿，钻孔循环
N20 G90 G54 G00 Z50；	建立工件坐标系，使主轴快速移动到的安全高度
N30 M03 S600；	主轴正转，转速为 600 r/min
N40 G00 X-54 Y0；	快速定位到下刀点位置
N50 G00 Z5；	*Z* 轴快速移动到 *Z*5
N60 G01 Z-7 F200；	*Z* 轴缓慢移动到 *Z*-7
N20 G90 G41 G01 X-40 Y-12 D01 F180；	建立半径补偿，刀具移动到加工的起始点
N30 G01 X-20 Y-12；	直线插补至（*X*-20,*Y*-12）
N30 G03 X-20 Y12 R12；	逆时针圆弧加工 *R*12
N30 G01 X-40 Y12；	直线插补至（*X*-40,*Y*12）
N40 G40 G01 X-54 Y0；	取消刀具半径补偿，返回定位点
N80 G00 Z100；	快速抬刀
N90 M05；	主轴停转
N100 M30；	程序结束

10. 使用ϕ8 mm 立铣刀粗加工深度为 7 mm 的 24 mm×19 mm 内槽

编写加工程序可参考表 7-1-14。

表 7-1-14　综合训练加工程序（十四）

程序	说明
O0084;	主程序号（去余量粗加工）
N10 G17 G40 G80;	选择 *XY* 平面，取消半径补偿，钻孔循环
N20 G90 G54 G00 Z50;	建立工件坐标系，使主轴快速移动到的安全高度
N30 M03 S1000;	主轴正转，转速为 1000 r/min
N40 G00 X0 Y10;	快速定位到下刀点位置
N50 G00 Z5;	*Z* 轴快速移动到 *Z*5
N60 G01 Z0 F200;	*Z* 轴缓慢移动到 *Z*0
N70 M98 P0085 L7;	调用子程序 O0085，循环次数为 7 次
N80 G00 Z100;	快速抬刀
N90 M05;	主轴停转
N100 M30;	程序结束

编写子程序可参考表 7-1-15。

表 7-1-15　综合训练加工程序（十五）

程序	说明
O0085;	子程序号
N10 G91 G01 Z-1 F30;	用增量来重复下刀
N20 G90 G41 G01 X-12 Y0 D01 F150;	建立半径补偿，刀具移动到加工的起始点
N30 G01 X-12 Y-21;	直线插补至（*X*−12,*Y*−21）
N40 G03 X-7 Y-26 R5;	逆时针圆弧加工 *R*5
N50 G01 X7 Y-26;	直线插补至（*X*7,*Y*−26）
N60 G03 X12 Y-21 R5;	逆时针圆弧加工 *R*5
N70 G01 X12 Y0;	直线插补至（*X*12,Y0）
N80 G40 G01 X0 Y10;	取消刀具半径补偿，返回定位点
N90 M99;	子程序结束，返回主程序

11. 使用ϕ8 mm 立铣刀精加工深度为 7 mm 的 24 mm×19 mm 内槽

编写加工程序可参考表 7-1-16。

表 7-1-16　综合训练加工程序（十六）

程序	说明
O0086;	主程序号
N10 G17 G40 G80;	选择 *XY* 平面，取消半径补偿，钻孔循环
N20 G90 G54 G00 Z50;	建立工件坐标系，使主轴快速移动到的安全高度
N30 M03 S1100;	主轴正转，转速为 1100 r/min
N40 G00 X0 Y10;	快速定位到下刀点位置

续表

程序	说明
N50 G00 Z5；	Z 轴快速移动到 Z5
N60 G01 Z-7 F200；	Z 轴缓慢移动到 Z-7
N70 G90 G41 G01 X-12 Y0 D01 F100；	建立半径补偿，刀具移动到加工的起始点
N80 G01 X-12 Y-21；	直线插补至（X-12,Y-21）
N90 G03 X-7 Y-26 R5；	逆时针圆弧加工 R5
N100 G01 X7 Y-26；	直线插补至（X7,Y-26）
N110 G03 X12 Y-21 R5；	逆时针圆弧加工 R5
N120 G01 X12 Y0；	直线插补至（X12,Y0）
N130 G40 G01 X0 Y10；	取消刀具半径补偿，返回定位点
N140 G00 Z100；	快速抬刀
N150 M05；	主轴停转
N160 M30；	程序结束

步骤三 工件加工

1. 加工准备

（1）阅读零件图，并检查毛坯料的尺寸。

（2）开机，返回机床参考点。

（3）通过操作面板在“编辑”模式下，将程序逐句输入到控制系统并检查。

（4）工件的装夹与对刀操作。

① 用平口钳装夹工件，并保证零件上平面高出钳口 8～10 mm。

② 采用试切法确定工件坐标系原点在机床坐标系中的位置。将工件坐标系原点在机床坐标系中的位置坐标输入 G54 中相应的位置。

2. 进行程序校验及加工轨迹仿真

将工件坐标系的 Z 值正方向平移 50 mm，方法是在工件坐标系参数 G54 中输入 50 并按启动键，适当降低进给速度，检查刀具运动是否正确。

3. 调整转速

把工件坐标系的 Z 值恢复原值，将进给速度旋钮旋到低挡，按启动键。机床加工时适当调整主轴转速和进给速度，保证加工正常。

4. 工件加工

当程序校验无误后，调用相应程序开始自动加工。

扫码观看视频

综合训练仿真加工

5. 尺寸测量

加工结束后对工件进行检验，确定其尺寸是否符合图样要求。对超差尺寸在可以修复的情况下继续加工，直至符合图样要求。

6. 结束

结束加工，松开夹具，卸下工件，清理机床。

步骤四　检测与评价

检测与评价表

班级		姓名		学号		
课题		综合练习一		零件编号		图 7-1-1
	序号	检测内容	配分	学生自评	教师评价	问题及改进
编程	1	加工工艺制定正确	10			
	2	切削用量合理	5			
	3	程序正确、简洁、规范	10			
	4	设备操作、维护保养正确	5			
操作	5	安全、文明生产	10			
	6	刀具选择、安装正确、规范	5			
	7	工件找正、安装正确、规范	5			
工作态度	8	行为规范、纪律表现	10			
尺寸检测	9	外轮廓宽 76±0.04 mm	3			
	10	槽宽 24±0.04 mm	2			
	11	孔径 ϕ24 mm	1			
	12	R5（7 处）	4			
	13	孔深 20±0.1 mm	2			
	14	$2.11_{-0.04}^{0}$ mm	3			
	15	*R*5（2 处）	2			
	16	外轮廓深 7±0.1 mm	3			
	17	槽深 26±0.1 mm	3			
粗糙度	18	所有加工表面	7			
加工时间	19	在规定时间完成（300 min）	10			
综合得分						

任务拓展

在仿真软件上加工如图 7-1-3 所示零件。

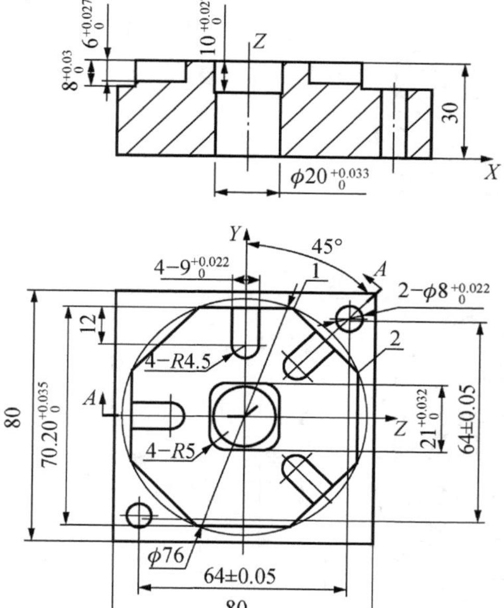

	X	Y
1	14.54	35.22
2	35.11	14.54

图 7-1-3　零件图样

任务二　综合训练二

零件名称：工件（二）（图样见图 7-2-1）
材料：45#
毛坯尺寸：80 mm×80 mm×30 mm

任务内容

（1）制定零件加工工艺方案。
（2）编制零件加工程序。
（3）在数控铣床上加工零件。

知识目标

（1）掌握零件的加工工艺知识。
（2）掌握零件加工的编程方法。
（3）掌握零件常用的测量方法。

技能目标

（1）能够正确选用夹具装夹工件和正确选用刀具。
（2）正确选用加工刀具及合理的切削用量。
（3）能够熟练操作数控机床加工零件。

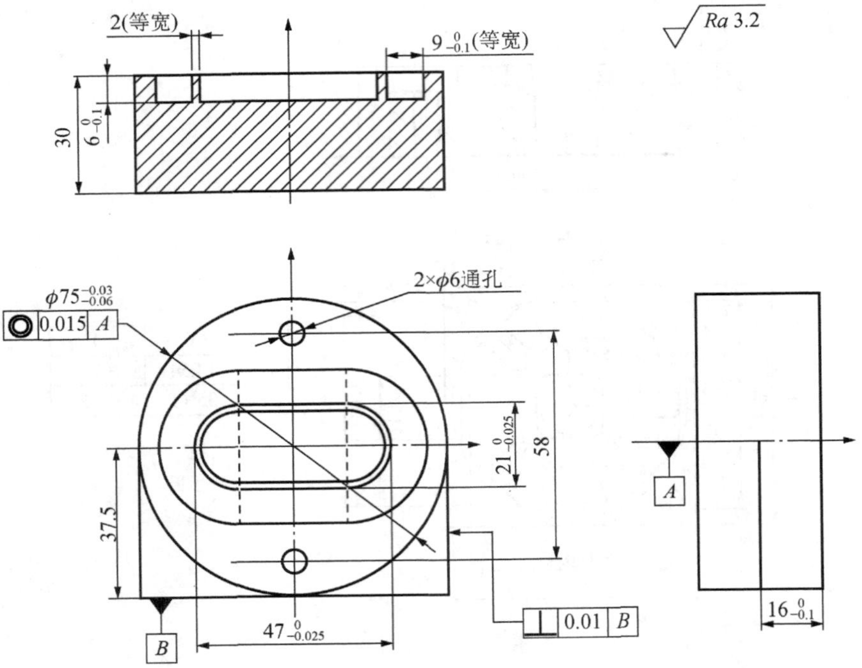

图 7-2-1　工件图样（二）

评价方法

观察法，根据检测评价表评价学生过程成绩。

任务实施

步骤一　制定加工工艺

1. 零件工艺分析

该零件毛坯为 80 mm×80 mm×30 mm，根据零件形状选择平口钳装夹。由于该零件上下面都要加工，根据图纸分析，为满足零件装夹要求，应该先装夹上表面加工下表面到尺寸，再装夹下表面完成上表面加工。由零件图可看出，该零件有尺寸精度要求；所用材料为 45#，材料硬度适中，便于加工；宜选择普通数控铣床加工。

2. 确定零件的装夹方式

由于该零件结构及其所对应的毛坯结构均为矩形，宜选平口钳装夹。

3. 确定加工顺序

根据图样加工要求，四周表面的加工方案采用端铣刀粗铣→精铣完成，内外轮廓用立铣刀粗铣→精铣完成。

4. 刀具的选择

零件材料为45#，可选用硬质合金铣刀。粗铣和精铣外轮廓用ϕ16 mm立铣刀；粗铣和精铣内轮廓用ϕ8 mm立铣刀；钻孔用ϕ6 mm钻头。

5. 切削用量的选择

（1）粗铣外轮廓，进给速度F=150 mm/min，切削深度a_p=2 mm，n= 800 r/min。
（2）精铣外轮廓，进给速度F=100 mm/min，切削深度a_p=1 mm，n=1000 r/min。
（3）粗铣内轮廓时，进给速度F=150 mm/min，切削深度a_p=2 mm，n = 1000 r/min。
（4）精铣内轮廓时，进给速度F=100 mm/min，切削深度a_p=2mm，n = 1200 r/min。
（5）钻孔时，进给速度F=50 mm/min，切削深度a_p=2 mm，n = 1200 r/min。

6. 填写数控加工工序卡

数控加工工序卡示例如图7-2-2所示。

工厂		产品名称或代号		零件名称		材料		零件图号
						45#		×××
工序号	程序编号	夹具编号		使用设备				车间
××	×××	×××		×××××				××
工步号	工步内容	夹具	刀具号	主轴转速/（r/min）	进给速度/（mm/min）	背吃刀量/mm	侧吃刀量/mm	备注
1	粗铣外轮廓	虎钳	T01	800	150	2	12	
2	精铣外轮廓	虎钳	T01	400	100	2	0.5	
3	粗铣内轮廓	虎钳	T02	1000	150	2	6	
4	精铣内轮廓	虎钳	T02	1200	100	2	0.3	
5	钻孔	虎钳	T03	1200	50	2		
编制	×××	审核	××	批准	××	×年×月×日	共1页	第1页

图7-2-2　数控加工工序卡示例7-2

步骤二　编制加工程序

选择毛坯上表面为程序原点（Z0），工件中心为（X0，Y0）。
（1）粗、精铣反面加工（主程序、子程序略）。
（2）正面外轮廓加工（主程序、子程序略）。
（3）正面内轮廓加工（主程序、子程序略）。
（4）钻孔（程序 略）。

步骤三　加工操作

1. 加工准备

（1）开机，返回机床参考点。

（2）装夹工件，露出加工的部位，避免刀头碰到夹具。用百分表校检工件基准面的水平误差和垂直度误差，并确保夹紧后的定位精度。

（3）用光电式或机械式寻边器对工件进行找正，填写 G54 零点偏置表，认真检查零点偏置数据的正确性。

（4）根据工序准备刀具，装刀。

（5）对出 Z 轴刀具长度，并输入到数控系统中。

（6）输入程序并进行校验。

2. 工件加工

（1）执行每一个程序前检查其所用的刀具和切削参数是否合适，开始加工时宜把进给速度调至最小，密切观察加工状态，若有异常现象要及时停机检查。

（2）在加工过程中不断优化加工参数，达到最佳加工效果。粗加工后检查工件是否有松动，检验工件的尺寸，所留精加工余量 0.5 mm 是否正确，再调整精加工刀补。

（3）精加工后检验工件尺寸否符合图纸要求，调整加工参数，直至工件与图纸及工艺要求相符。

（4）工件拆卸后及时清洁机床工作台。

步骤四　检测与评分

检测与评分表

班级			姓名		学号	
课题		综合训练二		零件编号		图 7-2-1
	序号	检测内容	配分	学生自评	教师评价	问题及改进
现场操作规范	1	正确使用机床	2			
	2	正确使用量具	2			
	3	合理使用刃具	2			
	4	设备维护保养	4			
操作	5	安全、文明生产	10			
	6	刀具选择、安装正确、规范	5			
	7	工件找正、安装正确、规范	5			
工作态度	8	行为规范、纪律表现	10			
尺寸检测	9	⊥ 0.01 B	4			
	10	$\phi75^{-0.03}_{-0.06}$ mm	4			
	11	2 mm 等宽	6			
	12	7 mm	4			
	13	58±0.04 mm	5			
	14	$21^{0}_{-0.025}$ mm	5			
	15	$47^{0}_{-0.025}$ mm	5			
	16	2×ϕ6 mm	7			
粗糙度	17	所有加工表面	10			
加工时间	18	在规定时间完成（300 min）	10			
综合得分						

任务三　综合训练三

零件名称：工件（三）（图样见图 7-3-1）
材料：45#
毛坯尺寸：80 mm×80 mm×30 mm

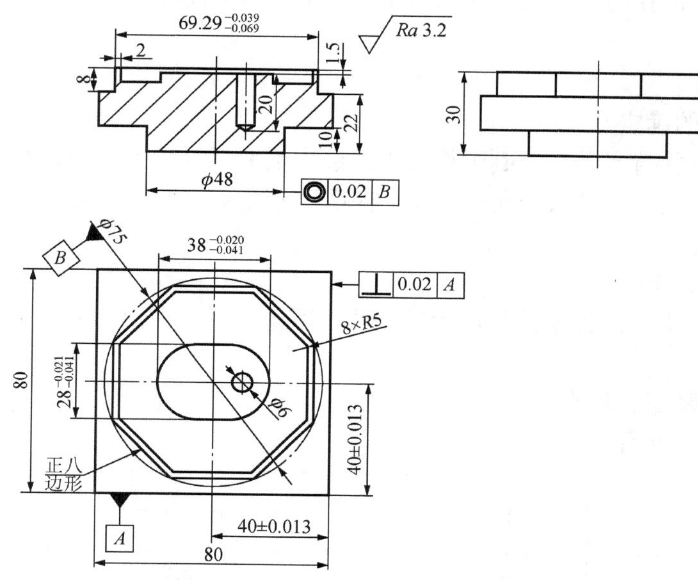

图 7-3-1　工件图样（三）

任务内容

（1）制定零件加工工艺方案。
（2）编制零件加工程序。
（3）在数控铣床上加工零件。

知识目标

（1）掌握零件加工的工艺知识。
（2）掌握零件加工的编程方法。
（3）掌握零件常用的测量方法。

技能目标

（1）能够正确选用夹具装夹工件和正确选用刀具。
（2）正确选用加工刀具及合理的切削用量。
（3）能够熟练操作数控机床加工零件。

评价方法

观察法，根据检测评价表评价学生过程成绩。

任务实施

步骤一　制定加工工艺方案

1. 分析零件图样

该零件包含了平面，内、外形轮廓，薄壁和孔的加工，其中尺寸精度要求比较高，还有一些形位公差，但孔的尺寸精度要求不高，各个表面粗糙度要求也不高都为 *Ra*3.2。

2. 工艺分析

1）加工方案的确定

根据零件的形状特点，考虑到工件加工的装夹需要以及受提供的刀具限制，决定用立铣刀先加工外轮廓尺寸和复杂表面这个面，然后翻转装夹，加工ϕmm48 圆台这个表面并完成这个工件。

2）确定装夹方案

该零件为单件生产，且零件外形为长方体，可选用平口虎钳装夹。工件上表面高出钳口 21 mm 左右。

3）填写数控加工工序卡

示例如图 7-3-2 所示。

工厂		产品名称或代号		零件名称		材料		零件图号
				型腔类零件		$45^{\#}$		××
工序号	程序编号	夹具编号		使用设备				车间
××	×××	×××		×××××				××
工步号	工步内容	夹具	刀具号	刀具规格/mm	主轴转速/（r/min）	进给速度/（mm/min）	背吃刀量/mm	备注
1	工件上表面	平口钳	T01	ϕ20 立铣刀	500	200	1	
2	加工毛坯至尺寸 80 mm×80 mm×30 mm	平口钳	T01	ϕ20 立铣刀	500	200	1	××
3	加工深度为 8 mm 的八边形外轮廓，留 0.50 mm 单边余量	平口钳	T01	ϕ20 立铣刀	500	200	1	××
4	改变刀具半径补偿，把深度 8 mm 的八边形的外轮廓加工至尺寸	平口钳		ϕ20 立铣刀	700	100	8	
5	加工深度为 5 mm 的八边形内轮廓			ϕ8 键槽刀	1000	100	1	
6	加工深度为 5 mm 的 38 mm×28 mm 的内轮廓凸台，留 0.50 mm 单边余量			ϕ8 键槽刀	1000	100	1	

图 7-3-2　数控加工工序卡示例 7-3

工步号	工步 内容	夹具	刀具号	刀具 规格/mm	主轴转速 /（r/min）	进给速度 /（mm/min）	背吃刀量 /mm	备注
7	改变刀具半径补偿，加工深度为 5 mm 的 38 mm×28 mm 的内轮廓凸台加工至尺寸			ϕ8 键槽刀	1200	80	5	
8	加工深度 1.5 的沉槽			ϕ10 键槽刀	1000	100	1.5	
9	安装ϕ6 mm 的钻头钻 20 mm 的ϕ6 mm 盲孔			ϕ6 钻头	1000	20	3	
10	翻转工件，加工ϕ48 mm×10 mm 的圆台外轮廓，留 0.50 mm 单边余量			ϕ20 立铣刀	500	200	2	
11	精加工ϕ48 mm×10 mm 的圆台外轮廓至尺寸			ϕ20 立铣刀	700	100	10	
编制	×××	审核	××	批准	××	×年×月×日	共 1 页	第 1 页

图 7-3-2 数控加工工序卡示例 7-3（续）

步骤二 编制加工程序

（1）加工ϕ48×10 mm 的圆台外轮廓（程序略）。

（2）加工深度为 8 mm 的八边形外轮廓（程序略）。

（3）加工深度为 5 mm 的八边形内轮廓（程序略）。

（4）加工深度为 5 mm 的 38 mm×28 mm 的内轮廓凸台（程序略）。

（5）加工深度 1.5 mm 的沉槽（程序略）。

（6）安装ϕ6 mm 的钻头钻 20 mm 的ϕ6 mm 盲孔（程序略）。

课 后 习 题

【实操题】

1. 加工习图 7-1 所示的零件，材料为 $45^{\#}$钢，调质处理，毛坯尺寸 100 mm×100 mm，按图纸要求，填写工艺卡，编写程序，加工零件。

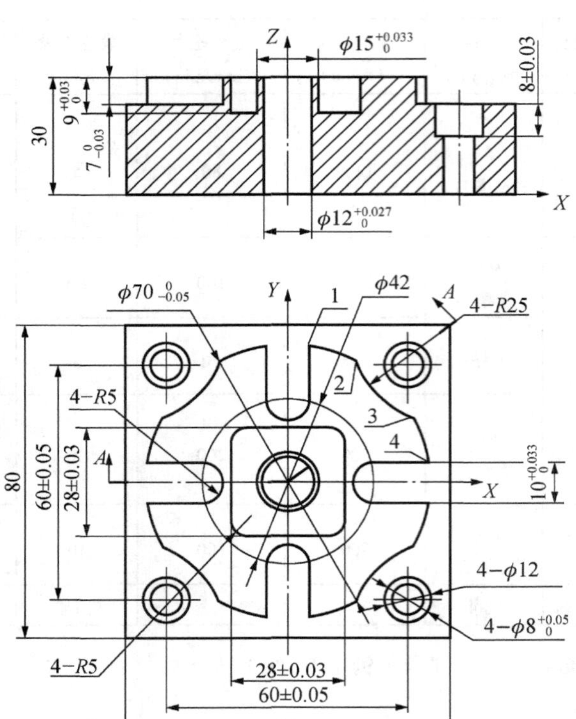

	X	Y
1	5	34.64
2	16.79	30.71
3	30.71	16.79
4	34.64	5

习图 7-1　零件图样

填写数控加工工序卡。

<table>
<tr><td rowspan="2">工厂</td><td rowspan="2"></td><td colspan="2" rowspan="2">产品名称或代号</td><td colspan="2">零件名称</td><td colspan="2">材料</td><td>零件图号</td></tr>
<tr><td colspan="2"></td><td colspan="2">45#</td><td>××</td></tr>
<tr><td>工序号</td><td>程序编号</td><td colspan="2">夹具编号</td><td colspan="4">使用设备</td><td>车间</td></tr>
<tr><td>××</td><td>×××</td><td colspan="2">×××</td><td colspan="4">×××××</td><td>××</td></tr>
<tr><td>工步号</td><td>工步
内容</td><td>夹具</td><td>刀具号</td><td>刀具
规格/mm</td><td>主轴转速
/（r/min）</td><td>进给速度
/（mm/min）</td><td>背吃刀量
/mm</td><td>备注</td></tr>
<tr><td></td><td></td><td></td><td></td><td></td><td></td><td></td><td></td><td></td></tr>
<tr><td></td><td></td><td></td><td></td><td></td><td></td><td></td><td></td><td></td></tr>
<tr><td></td><td></td><td></td><td></td><td></td><td></td><td></td><td></td><td></td></tr>
<tr><td></td><td></td><td></td><td></td><td></td><td></td><td></td><td></td><td></td></tr>
<tr><td></td><td></td><td></td><td></td><td></td><td></td><td></td><td></td><td></td></tr>
<tr><td></td><td></td><td></td><td></td><td></td><td></td><td></td><td></td><td></td></tr>
<tr><td>编制</td><td>×××</td><td>审核</td><td>××</td><td>批准</td><td>××</td><td>×年×月×日</td><td>共 1 页</td><td>第 1 页</td></tr>
</table>

2．加工习图 7-2 所示的零件，材料为 45#钢，调质处理，毛坯尺寸 100 mm×100 mm，按图纸要求，填写工艺卡，编写程序，加工零件。

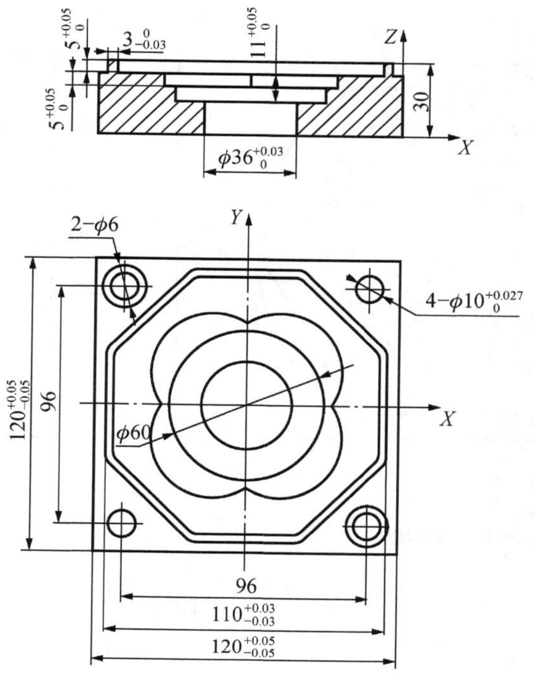

习图 7-2 零件图样

填写数控加工工序卡。

工厂		产品名称或代号		零件名称		材料		零件图号
						45#		××
工序号	程序编号	夹具编号		使用设备				车间
××	×××	×××		×××××				××
工步号	工步内容	夹具	刀具号	刀具规格/mm	主轴转速/（r/min）	进给速度/（mm/min）	背吃刀量/mm	备注
编制	×××	审核	××	批准	××	×年×月×日	共 1 页	第 1 页

3．加工习图 7-3 所示的零件，材料为 $45^{\#}$钢，调质处理，毛坯尺寸 100 mm×100 mm，按图纸要求，填写工艺卡，编写程序，加工零件。

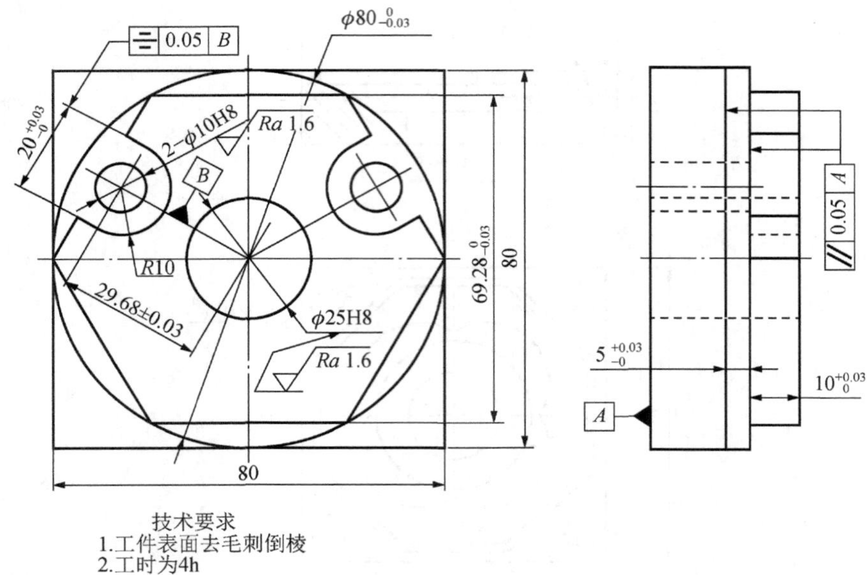

习图 7-3　零件图样

填写数控加工工序卡。

工厂		产品名称或代号		零件名称		材料		零件图号
						45#		××
工序号	程序编号	夹具编号		使用设备				车间
××	×××	×××		×××××				××
工步号	工步内容	夹具	刀具号	刀具规格/mm	主轴转速/（r/min）	进给速度/（mm/min）	背吃刀量/mm	备注
编制	×××	审核	××	批准	××	×年×月×日	共 1 页	第 1 页

4. 加工习图 7-4 所示的零件，材料为 45#钢，调质处理，毛坯尺寸 100 mm×100 mm，按图纸要求，填写工艺卡，编写程序，加工零件。

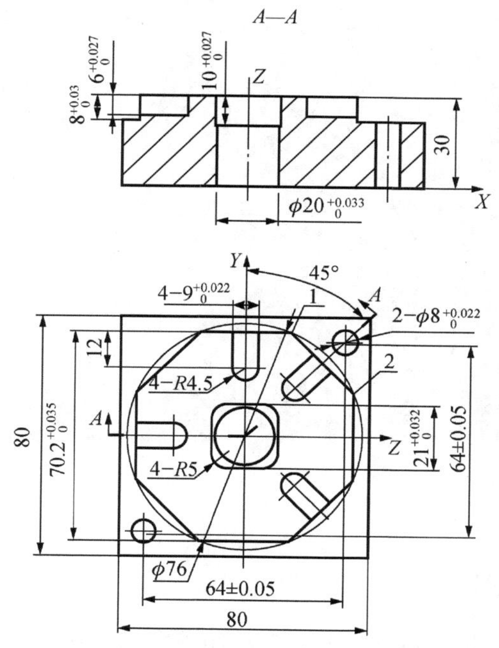

	X	Y
1	14.54	35.22
2	35.11	14.54

图 7-4 零件图样

填写数控加工工序卡。

工厂		产品名称或代号		零件名称		材料		零件图号
						45#		××
工序号	程序编号	夹具编号		使用设备				车间
××	×××	×××		×××××				××
工步号	工步内容	夹具	刀具号	刀具规格/mm	主轴转速/(r/min)	进给速度/(mm/min)	背吃刀量/mm	备注
编制	×××	审核	××	批准	××	×年×月×日	共1页	第1页

附 录
数控机床维护和保养

一、数控机床维护与保养的目的和意义

数控机床是一种综合应用了计算机、自动控制、自动检测和精密机械设计和制造等先进技术的高新技术的产物，是技术密集度及自动化程度都很高的、典型的机电一体化产品。与普通机床相比较，数控机床不仅具有零件加工精度高、生产效率高、产品质量稳定自动化程度极高的特点，而且它还可以完成普通机床难以完成或根本不能加工的复杂曲面的零件加工，因而数控机床在机械制造业中的地位越来越重要。甚至可以这样说：在机械制造业中，数控机床的档次和拥有量，是反映一个企业制造能力的重要标志。

但是，在企业生产中，数控机床能否达到加工精度高、产品质量稳定、提高生产效率的目标，这不仅取决于机床本身的精度和性能，很大程度上也与操作者在生产中能否正确地对数控机床进行维护保养和使用密切相关。与此同时，还应当注意到数控机床维修的概念，不能单纯地理解是数控系统或者是数控机床的机械部分和其他部分在发生故障时，仅仅是依靠维修人员如何排除故障和及时修复，使数控机床能够尽早地投入使用就可以了，这还应包括正确使用和日常保养等工作。

综上两方面所述，只有坚持做好对机床的日常维护保养工作，才可以延长元器件的使用寿命，延长机械部件的磨损周期，防止意外恶性事故的发生，争取机床长时间稳定工作；也才能充分发挥数控机床的加工优势，达到数控机床的技术性能，确保数控机床能够正常工作。因此，无论是对数控机床的操作者，还是对数控机床的维修人员来说，数控机床的维护与保养就显得非常重要，我们必须高度重视。

二、数控机床维护与保养的基本要求

了解数控机床的维护与保养的目的和意义后，还必须明确其基本要求，主要包括以下内容。

（1）在思想上要高度重视数控机床的维护与保养工作，尤其是对数控机床的操作者更应如此。操作者不能只管操作，而忽视对数控机床的日常维护与保养。

（2）要提高操作人员的综合素质。数控机床的使用比使用普通机床的难度要大，因为数控机床是典型的机电一体化产品，它牵涉的知识面较宽，即操作者应具有机、电、液、气等更宽广的专业知识；再有，由于其电气控制系统中的 CNC 系统升级、更新换代比较快，如果不定期参加专业理论培训学习，则不能熟练掌握新的 CNC 系统应用。因此对操作人员提出的素质要求是很高的。为此，必须对数控操作人员进行培训，使其对机床原理、性能、润滑部位及其方式进行较系统的学习，为更好地使用机床奠定基础。同时在数控机床的使用与管理方面，制定一系列切合实际、行之有效的措施。

（3）要为数控机床创造一个良好的使用环境。由于数控机床中含有大量的电子元件，它们最怕阳光直接照射，也怕潮湿、粉尘和振动等，这些均可使电子元件受到腐蚀变坏或造成元件间的短路，引起机床不正常运行。为此，对数控机床的使用环境应做到保持清洁、干燥、恒温和无振动；对于电源应保持稳压，一般只允许±10% 波动。

（4）严格遵循正确的操作规程。无论是什么类型的数控机床，它都有一套自己的操作规程，这既是保证操作人员人身安全的重要措施之一，也是保证设备安全、使用产品质量等的重要措施。因此，使用者必须按照操作规程正确操作机床。如果机床在第一次使用或长期没有时，应先使其空转几分钟，并要特别注意使用中开机、关机的顺序和其他注意事项。

（5）在使用中，尽可能提高数控机床的开动率。对于新购置的数控机床应尽快投入使用，设备在使用初期故障率相对来说往往大一些，用户应在保修期内充分利用机床，使其薄弱环节尽早暴露出来，使问题在保修期内得以解决。如果在缺少生产任务时，也不能空闲不用，而要定期通电，每次空运行 1h 左右，利用机床运行时的发热量来去除或降低机内的湿度。

（6）要冷静对待机床故障，不可盲目处理。机床在使用中不可避免地会出现一些故障，此时操作者要冷静对待，不可盲目处理，以免产生更为严重的后果，要注意保留现场，待维修人员来后如实说明故障前后的情况，并参与共同分析问题，尽早排除故障。故障若属于操作原因，操作人员要及时吸取经验，避免下次犯同样的错误。

（7）制定并且严格执行数控机床管理的规章制度。除了对数控机床的日常维护外，还必须制定并且严格执行数控机床管理的规章制度。主要包括：定人、定岗和定责任的“三定”制度，定期检查制度，规范的交接班制度等。这也是数控机床管理、维护与保养的主要内容。

三、机械部分的维护与保养

数控机床机械部分的维护与保养主要包括：机床主轴部件、进给传动机构、导轨等的维护与保养。

1. 主轴部件的维护与保养

主轴部件是数控机床机械部分中的重要组成部件，主要由主轴、轴承、主轴准停装置、自动夹紧和切屑清除装置组成。数控机床主轴部件的润滑、冷却与密封是机床使用和维护过程中值得重视的几个问题。

首先，良好的润滑效果，可以降低轴承的工作温度和延长使用寿命。为此，在操作使用中要注意到：低速时，采用油脂、油液循环润滑；高速时采用油雾、油气润滑方式。但是，在采用油脂润滑时，主轴轴承的封入量通常为轴承空间容积的 10%，切忌随意填满，因为油脂过多，会加剧主轴发热。对于油液循环润滑，在操作使用中要做到每天检查主轴润滑恒温油箱，看油量是否充足，如果油量不够，则应及时添加润滑油。同时要注意检查润滑油温度范围是否合适。

为了保证主轴有良好的润滑，减少摩擦发热，同时又能把主轴组件的热量带走，通常采用循环式润滑系统，用液压泵强力供油润滑，使用油温控制器控制油箱油液温度。高档数控机床主轴轴承采用了高级油脂封存方式润滑，每加一次油脂可以使用 7～10 年。新型的润滑冷却方式不单要减少轴承温升，还要减少轴承内外圈的温差，以保证主轴热变形小。

常见主轴润滑方式有 2 种，油气润滑方式近似于油雾润滑方式，但油雾润滑方式是连续供给油雾，而油气润滑则是定时定量地把油雾送进轴承空隙中，这样既实现了油雾润滑，又避免了油雾太多而污染周围空气。喷注润滑方式是用较大流量的恒温油（每个轴承 3～4L/min）喷注到主轴轴承，以达到润滑、冷却的目的。这里较大流量喷注的油必须靠排油泵强制排油，而不是自然回流。同时，还要采用专用的大容量高精度恒温油箱，油温变动控制在±0.5℃。

其次，主轴部件的冷却主要是以减少轴承发热，有效控制热源为主。

最后，主轴部件的密封则不仅要防止灰尘、屑末和切削液进入主轴部件，还要防止润滑油的泄漏。主轴部件的密封有接触式和非接触式密封。对于采用油毡圈和耐油橡胶密封圈的接触式密封，要注意检查其老化和破损；对于非接触式密封，为了防止泄漏，重要的是保证回油能够尽快排掉，要保证回油孔的通畅。

2. 进给传动机构的维护与保养

进给传动机构的机电部件主要有伺服电动机及检测元件、减速机构、滚珠丝杠螺母副、丝杠轴承及运动部件（工作台、主轴箱、立柱等）。这里主要对滚珠丝杠螺母副的维护与保养问题加以说明。

1）滚珠丝杠螺母副轴向的间隙调整

滚珠丝杠螺母副除了对本身单一方向的进给运动精度有要求外，对轴向间隙也有严格的要求，以保证反向传动精度。因此，在操作使用中要注意由于丝杠螺母副的磨损而导致的轴向间隙，应采用调整方法加以消除。

2）滚珠丝杠螺母副的密封与润滑的日常检查

滚珠丝杠螺母副的密封与润滑的日常检查是在操作使用中要注意的问题。对于丝杠螺母的密封，就是要注意检查密封圈和防护套，以防止灰尘和杂质进入滚珠丝杠螺母副。对于丝杠螺母的润滑，如果使用油脂时，则定期润滑；如果使用润滑油时，则要注意经常通过注油孔注油。

3. 机床导轨的维护与保养

机床导轨的维护与保养主要是导轨的润滑和导轨的防护。

1）导轨的润滑

导轨润滑的目的是减少摩擦阻力和摩擦磨损，以避免低速爬行和降低高温时的温升，

因此导轨的润滑很重要。对于滑动导轨，采用润滑油润滑；而滚动导轨，则采用润滑油或者润滑脂均可。数控机床常用的润滑油的牌号有：L-AN10、15、32、42、68。导轨的油润滑一般采用自动润滑，在操作使用中要注意检查自动润滑系统中的分流阀，如果它发生故障则会造成导轨不能自动润滑。此外，必须做到每天检查导轨润滑油箱油量，如果油量不够，则应及时添加润滑油。同时要注意检查润滑油泵是否能够定时启动和停止，并且要注意定时检查启动时是否能够提供润滑油。

2）导轨的防护

在操作使用中要注意防止切屑、磨粒或者切削液散落在导轨面上，否则会引起导轨的磨损加剧、擦伤和锈蚀。为此，要注意导轨防护装置的日常检查，以保证导轨的防护。

4. 回转工作台的维护与保养

数控机床的圆周进给运动一般由回转工作台来实现，对于加工中心，回转工作台已成为一个不可缺少的部件。因此，在操作使用中要注意严格按照回转工作台的使用说明书要求和操作规程正确操作使用。特别注意回转工作台传动机构和导轨的润滑。

5. 辅助装置的维护与保养

数控机床的辅助装置的维护与保养主要包括：数控分度头、自动换刀装置、液压气压系统的维护与保养。

1）数控分度头的维护与保养

数控分度头是数控铣床和加工中心等的常用附件，其作用是按照CNC装置的指令做回转分度或者连续回转进给运动，使数控机床能够完成指定的加工精度，因此，在操作使用中要注意严格按照数控分度头的使用说明书要求和操作规程正确操作使用。

2）自动换刀装置的维护与保养

自动换刀装置是加工中心区别于其他数控机床的特征结构。它具有根据加工工艺要求自动更换所需刀具的功能，以帮助数控机床节省辅助时间，并满足在一次安装中完成多工序、工步加工要求。因此，在操作使用中要注意经常检查自动换刀装置各组成部分的机械结构的运转是否正常工作、是否有异常现象。同时要检查润滑是否良好等，并且要注意换刀可靠性和安全性检查。

3）液压系统的维护与保养

（1）定期对油箱内的油进行检查、过滤或更换。

（2）检查冷却器和加热器的工作性能，控制油温。

（3）定期检查更换密封件，防止液压系统泄漏。

（4）定期检查清洗或更换液压件、滤芯，定期检查清洗油箱和管路。

（5）严格执行日常点检制度，检查系统的泄漏、噪声、振动、压力、温度等是否正常。

4）气压系统的维护与保养

（1）选用合适的过滤器，清除压缩空气中的杂质和水分。

（2）检查系统中油雾器的供油量，保证空气中有适量的润滑油来润滑气动元件，防止生锈、磨损造成空气泄漏和元件动作失灵。

（3）保持气动系统的密封性，定期检查更换密封件。

（4）注意调节工作压力。

（5）定期检查清洗或更换气动元件、滤芯。

6. 数控系统的使用检查

数控系统是数控机床电气控制系统的核心。每台机床数控系统在运行一定时间后，某些元器件难免出现一些损坏或者故障。为了尽可能地延长元器件的使用寿命，防止各种故障，特别是恶性事故的发生，就必须对数控系统进行日常的维护与保养。主要包括：数控系统的使用检查和数控系统的日常维护。

为了避免数控系统在使用过程中发生一些不必要的故障，数控机床的操作人员在操作使用数控系统以前，应当仔细阅读有关操作说明书，要详细了解所用数控系统的性能，要熟练掌握数控系统和机床操作面板上各个按键、按钮和开关的作用以及使用注意事项。一般说来，数控系统在通电前后要进行检查。

1）数控系统在通电前的检查

为了确保数控系统正常工作，当数控机床在第一次安装调试或者是在机床搬运后第一次通电运行之前，可以按照下述顺序检查数控系统。

（1）确认交流电源的规格是否符合 CNC 装置的要求，主要检查交流电源的电压、频率和容量。

（2）认真检查 CNC 装置与外界之间的全部连接电缆是否按随机提供的连接技术手册的规定，正确而可靠地连接。数控系统的连接是指针对数控装置及其配套的进给和主轴伺服驱动单元而进行的，主要包括外部电缆的连接和数控系统电源的连接。在连接前要认真检查数控系统装置与 MDI/CRT 单元、位置显示单元、纸带阅读机、电源单元、各印刷电路板和伺服单元等，如发现问题应及时采取措施或更换。由于不良而引起的故障最为常见，因此要注意检查连接中的连接件和各个印刷线路板是否紧固，是否插入到位，各个插头有无松动，紧固螺钉是否拧紧。

（3）确认 CNC 装置内的各种印刷线路板上的硬件设定是否符合 CNC 装置的要求。这些硬件设定包括各种短路棒设定和可调电位器。

（4）认真检查数控机床的保护接地线。数控机床要有良好的地线，以保证设备、人身安全和减少电气干扰，伺服单元、伺服变压器和强电柜之间都要连接保护接地线。

2）数控系统在通电后的检查

（1）首先要检查数控装置中各个风扇是否正常运转，否则会影响到数控装置的散热。

（2）确认各个印刷线路或模块上的直流电源是否正常，是否在允许的波动范围之内。

（3）进一步确认 CNC 装置的各种参数。包括系统参数、PLCC 参数、伺服装置的数字设定等，这些参数应符合随机所带的说明书要求。

（4）当数控装置与机床联机通电时，应在接通电源的同时，做好按压紧急停止按钮的准备，以备出现紧急情况时随时切断电源。

（5）在手动状态下，低速进给移动各个轴，并且注意观察机床移动方向和坐标值显示是否正确。

（6）进行几次返回机床基准点的动作，这是用来检查数控机床是否有返回基准点的功能，以及每次返回基准点的位置是否完全一致。

（7）CNC 系统的功能测试。按照数控机床数控系统的使用说明书，用手动或者编制数控程序的方法来测试 CNC 系统应具备的功能。例如：快速点定位、直线插补、圆弧插补、刀径补偿、刀长补偿、固定循环、用户宏程序等功能以及 M、S、T 辅助机能。

7. 数控装置的日常维护与保养

数控系统是数控机床电气控制系统的核心。每台机床数控系统在运行一定时间后，某些元器件难免出现一些损坏或者故障。为了尽可能地延长元器件的使用寿命，防止各种故障的发生，特别是恶性事故的发生，就必须对数控系统进行日常的维护与保养。

1）严格制订并且执行 CNC 系统的日常维护的规章制度

根据不同数控机床的性能特点，严格制订其 CNC 系统的日常维护的规章制度，并且在使用和操作中要严格执行。

2）应尽量少开数控柜和强电柜的门

在机械加工车间的空气中往往含有油雾和尘埃，它们一旦落入数控系统的印刷线路板或者电气元件上，则易引起元器件的绝缘电阻下降，甚至导致线路板或者电气元件的损坏。所以，在工作中应尽量少开数控柜和强电柜的门。

3）定时清理数控装置的散热通风系统

散热通风系统是防止数控装置过热的重要装置。为此，应每天检查数控柜上各个冷却风扇运转是否正常，每半年或者一季度检查一次风道过滤器是否有堵塞现象，如果有则应及时清理。

4）注意 CNC 系统的输入/输出装置的定期维护

例如：CNC 系统的输入装置中磁头的清洗。

5）定期检查和更换直流电机电刷

在 20 世纪 80 年代生产的数控机床，大多数采用直流伺服电机，这就存在电刷的磨损问题，为此直流伺服电机需要定期检查和更换直流电机电刷。

6）经常监视 CNC 装置用的电网电压

CNC 系统对工作电网电压有严格的要求。例如，FANUC 公司生产的 CNC 系统，允许电网电压在额定值的 85%～110%的范围内波动，否则会造成 CNC 系统不能正常工作，甚至会引起 CNC 系统内部电子元件的损坏。为此要经常检测电网电压，并控制定额值在 –15%～+10%。

7）存储器用电池的定期检查和更换

通常，CNC 系统中部分 CMOS 存储器中的存储内容在断电时靠电池供电保持。一般采用锂电池或者可充电的镍镉电池。当电池电压下降到一定值时，就会造成数据丢失，因此要定期检查电池电压。当电池电压下降到限定值或者出现电池电压报警时，就要及时更换电池。更换电池时一般要在 CNC 系统通电状态下进行，这才不会造成存储参数丢失。一旦数据丢失，在调换电池后，可重新就参数输入。

8）CNC 系统长期不用时的维护

当数控机床长期闲置不用时，也要定期对 CNC 系统进行维护保养。在机床未通电时，用备份电池给芯片供电，保持数据不变。机床上电池在电压过低时，通常会在显示屏幕上给出报警提示。在长期不使用时，要经常通电检查是否有报警提示，并及时更换备份电池。经常通电可以防止电器元件受潮或印制板受潮短路或断路等长期不用的机床，每周至少通电两次以上。具体做法如下。

首先，应经常给 CNC 系统通电，在机床锁住不动的情况下，让机床空运行。其次，在空气湿度较大的梅雨季节，应天天给 CNC 系统通电，这样可利用电器元件本身的发热来驱走数控柜内的潮气，以保证电器元件的性能稳定可靠。生产实践证明，如果长期不用的数控机床，过了梅雨天后则往往一开机就容易发生故障。

此外，对于采用直流伺服电动机的数控机床，如果闲置半年以上不用，则应将电动机的电刷取出来，以避免由于化学腐蚀作用而导致换向器表面的腐蚀，确保换向器性能。

9）备用印刷线路板的维护

对于已购置的备用印刷线路板应定期装到 CNC 装置上通电运行一段时间，以防损坏。

10）CNC 发生故障时的处理

一旦 CNC 系统发生故障，操作人员应采取急停措施，停止系统运行，并且保护好现场。并且协助维修人员做好维修前期的准备工作。

四、数控机床日常维护保养管理制度

1. 每日保养

（1）检查导轨润滑油箱油标，油量，润滑泵是否能定时启动、打油及停止。

（2）清除 *X*、*Y*、*Z* 轴向导轨面切屑及赃物，检查润滑油是否充分，各导轨面有无划伤损坏。

（3）检查压缩空气气动控制系统压力是否在正常范围。

（4）及时清理气源自动分水器中滤出的水分，保证自动空气干燥器工作正常。

（5）检查气液转换器和增压器油面，油面不够及时补油。

（6）主轴润滑恒温油箱，保证工作正常。

（7）机床液压系统工作正常，压力表指示正常，管路、接头无漏油，油面高度合适。

（8）液压平衡压力指示正常，快速移动时平衡阀工作正常。

（9）各种电器柜散热通风良好，电柜冷却风扇工作正常，风道过滤网无堵塞。

（10）各种防护装置如导轨、机床护罩等无松懈、无泄漏。

2. 半年保养

（1）清理滚珠丝杠，更换新油脂。

（2）清洗溢流阀、液压阀、滤油器、油箱底，更换或过滤液压油。

（3）主轴润滑恒温油箱，清洗过滤器，更换润滑脂。

3. 每年保养

（1）检查或更换直流伺服电动机电刷，检查换向器表面，吹净粉尘。

（2）润滑液压泵，清理润滑油池底，清洗滤油器。

4. 不定期保养

（1）检查各轴导轨上镶条、压滚轮松紧状态，按说明书调节。
（2）检查冷却水箱液面高度，清理水箱底部，保持水质清洁，经常清洗过滤器。
（3）经常清理切屑。
（4）及时清理油池中的废油，以免外溢。
（5）按机床说明书调整主轴驱动带松紧。

参 考 文 献

高恒星，孙仲峰．Fanuc 系统数控铣、加工中心加工工艺与技能训练[M]．北京：人民邮电出版社．

王增杰．数控铣床与加工中心操作技能训练[M]．江苏：江苏教育出版社．

于万成．数控加工工艺与编程基础[M]．北京：人民邮电出版社．

张超英，罗学科．数控机床加工工艺、编程及操作实训[M]．北京：高等教育出版社．